高等职业技术院校机电一体化技术专业任务驱动型教材

电工电子技术习题册

中国劳动社会保障出版社

简　介

本习题册是高等职业技术院校机电一体化技术专业任务驱动型教材《电工电子技术》的配套用书。本习题册紧扣教学要求，按照教材模块、任务顺序编排，知识点分布均衡，题型丰富多样，难易配置适当，有助于学生复习巩固所学知识。

本习题册由汤伟芳主编，俞梁英、王晓兰参加编写。

图书在版编目（CIP）数据

电工电子技术习题册/汤伟芳主编. —北京：中国劳动社会保障出版社，2012

高等职业技术院校机电一体化技术专业任务驱动型教材

ISBN 978-7-5045-9902-5

Ⅰ.①电…　Ⅱ.①汤…　Ⅲ.①电工技术-高等职业教育-习题集②电子技术-高等职业教育-习题集　Ⅳ.①TM-44②TN-44

中国版本图书馆 CIP 数据核字（2012）第 189783 号

中国劳动社会保障出版社出版发行

（北京市惠新东街 1 号　邮政编码：100029）

出 版 人：张梦欣

*

三河市潮河印业有限公司印刷装订　　新华书店经销

787 毫米×1092 毫米　16 开本　3.5 印张　82 千字

2012 年 8 月第 1 版　　2025 年 6 月第 12 次印刷

定价：7.00 元

营销中心电话：400-606-6496

出版社网址：http://www.class.com.cn

http://jg.class.com.cn

目　录

模块一 电 工 技 术

任务1 简单直流电路装调与诊断

一、填空题（将正确答案填写在横线上）

1. 任何一个电路，都是由______、______、__________三个部分组成。

2. 电路中的基本物理量包含____、____、____、____和____。

3. 测量电流的大小，通常用______或______；测量电压的大小，通常用__________或________；测量电路消耗的电能，通常用____________。

4. 电流的实际方向规定为__________或负电荷运动的相反方向。

5. 电压既有大小又有方向，电压的实际方向规定是由________指向______。

6. 若电流的计算值为负，则说明其参考方向与实际方向________。

7. 在温度一定的条件下，通过电阻的电流随电压而变化的关系曲线称为电阻的____________。

8. 电路通常有三种状态，即__________、________和__________。

9. 图1—1—1所示电路中，A点对地的电位U_A为________。

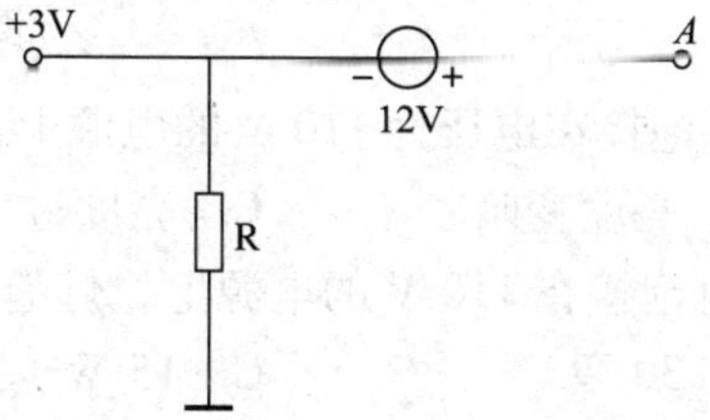

+3V
12V
R
A

图1—1—1

10. 电路如图1—1—2所示，设$E=12$ V，$I=2$ A，$R=6$ Ω，则$U_{ab}=$________V。

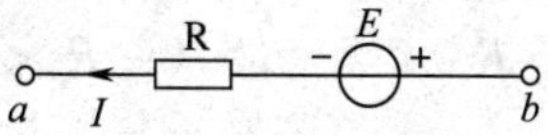

R
E
a
I
b

图1—1—2

11. 欧姆定律适用于__________，它的表达式说明通过电阻元件的电流与电阻两端的电压成________，而与电阻成________。

二、判断题（正确的在括号内打“√”，错误的在括号内打“×”）

1. 在实际电路分析中，任意选定某一方向作为电流方向，这个方向为实际方向。（　　）

2. 在实际电路分析中，必须对电压任意设定参考方向：参考方向与实际方向一致，电

压值为正值；参考方向与实际方向相反，电压值为负值。（　　）

3．电路中 a、b 两点间电压的大小等于电场力由 a 点移动单位电荷到 b 点所做的功。（　　）

4．当电路发生短路故障时，此时电路中的电流很大，电阻也很大。（　　）

5．在串联电路中，阻值越大的电阻分配到的电压越大；反之，电压越小。（　　）

三、选择题（将正确答案的序号填写在括号内）

1．图 1—1—3 所示测量电流电压的电路中接法正确的是（　　）。

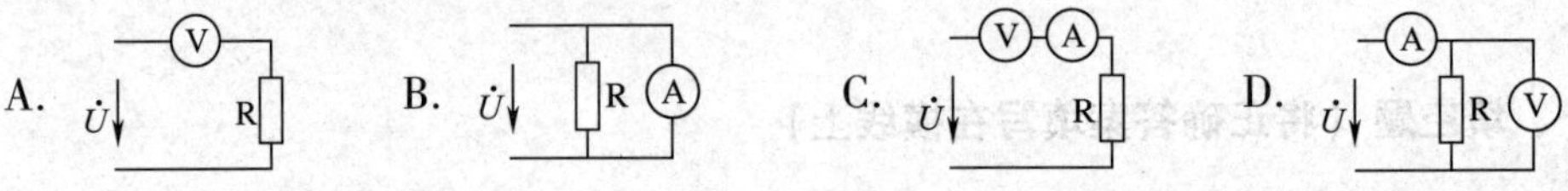

图 1—1—3

2．图 1—1—4 所示电路中，A 点电位为（　　）。

A．10 V　　B．14 V　　C．18 V　　D．20 V

3．图 1—1—5 所示电路中，A、B 两端的电压 U_{AB} 为（　　）。

A．4 V　　B．5 V　　C．10 V　　D．15 V

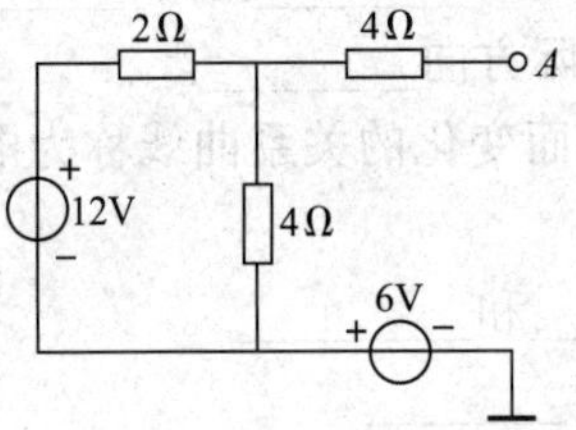

图 1—1—4 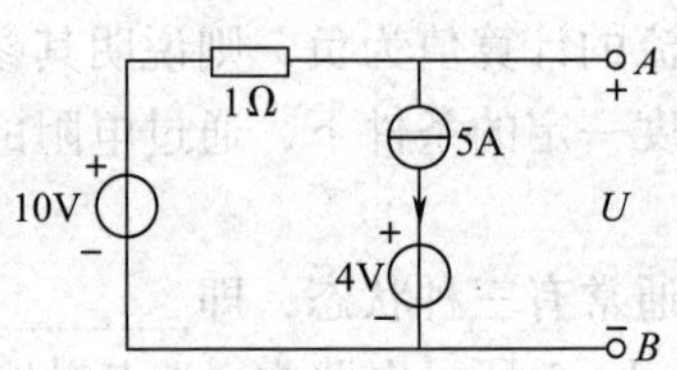　　图 1—1—5

4．额定电压为 220 V 的灯泡接在电压为 110 V 的电源上，则（　　）。

A．工作正常　　B．亮度变暗　　C．亮度过大　　D．烧坏

5．一只 220 V、60 W 的灯泡接在 110 V 的电源上，灯泡实际消耗的功率是（　　）。

A．60 W　　B．30 W　　C．15 W　　D．20 W

6．欧姆定律适用于（　　）。

A．所有电阻　　B．线性电阻　　C．任何电路　　D．线性电路

7．图 1—1—6 中给出两个线性电阻 R_a 和 R_b 的伏安特性曲线，由图可知（　　）。

A．$R_a > R_b$　　B．$R_a = R_b$　　C．$R_a < R_b$　　D．不能确定

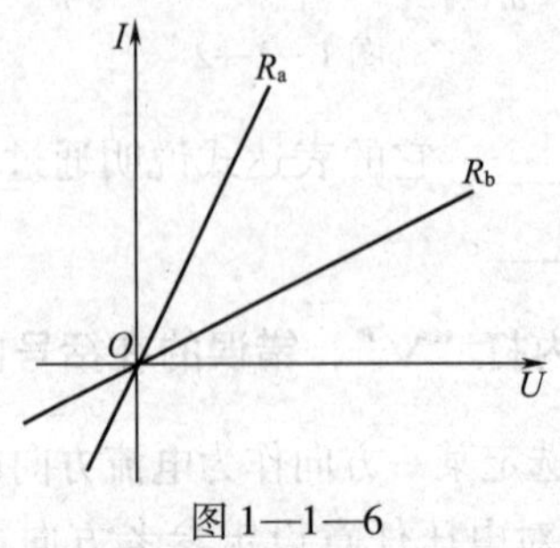

图 1—1—6

8. 下列选项中说法正确的是（　　）。

A. 电压源只供出功率　　B. 电压源只吸收功率

C. 电压源只储存能量　　D. 电压源既可供出也可吸收功率

9. A、B 两点间的电压 U_{AB} 等于（　　）所做的功。

A. 电场力把单位负电荷从 A 点移到 B 点

B. 电场力把单位正电荷从 A 点移到 B 点

C. 电场力把单位正电荷从 B 点移到 A 点

D. 洛伦兹力把单位正电荷从 A 点移到 B 点

10. 当电路中电流的参考方向与电流的实际方向相反时，该电流（　　）。

A. 一定为正值　B. 一定为负值　C. 不能肯定是正值还是负值

11. 已知空间有 a、b 两点，电压 $U_{ab}=10$ V，a 点电位 $U_a=4$ V，则 b 点电位 U_b 为（　　）。

A. 6 V　B. −6 V　C. 14 V

12. 当电阻 R 上的 u、i 参考方向为非关联时，欧姆定律的表达式应为（　　）。

A. $u = Ri$　B. $u = -Ri$　C. $u = R|i|$

13. 一电阻 R 上的 u、i 参考方向不一致，令 $u=-10$ V，消耗功率为 0.5 W，则电阻 R 为（　　）。

A. 200 Ω　B. −200 Ω　C. ±200 Ω

14. 两个电阻串联，$R_1:R_2=1:2$，总电压为 60 V，则 U_1 的大小为（　　）。

A. 10 V　B. 20 V　C. 30 V

15. 图 1—1—7 所示电路中的电流 I 为（　　）。

A. 1 A　B. 2 A　C. −1 A

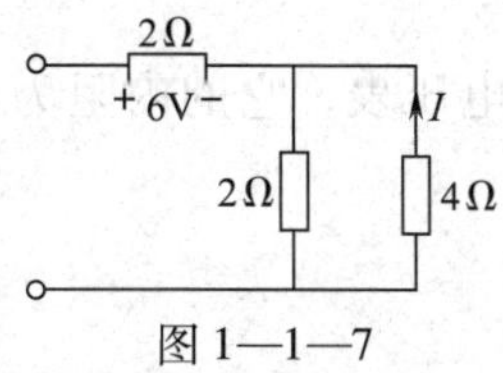

图 1—1—7

16. 60 W 和 100 W 的电灯在 220 V 电压下工作时的电阻分别为 R_1 和 R_2，则 R_1 和 R_2 的关系为（　　）。

A. $R_1 > R_2$　　B. $R_1 = R_2$

C. $R_1 < R_2$　　D. 不能确定

17. 如图 1—1—8 所示，$U_i=3$ V，则点 1 的电位 U_1 为（　　）。

A. −6 V　B. 1.5 V　C. 3 V　D. −1.5 V

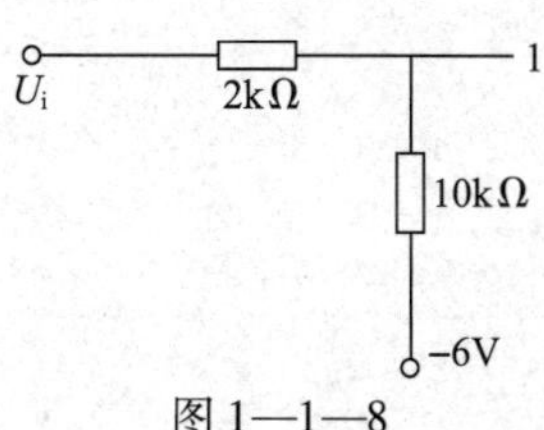

图 1—1—8

四、计算题

1. 在图1—1—9所示电路中，电流的参考方向如图所示，已知图a中 $I_1=2$ A，图b中 $I_2=-4$ A，请指出电流的实际方向。

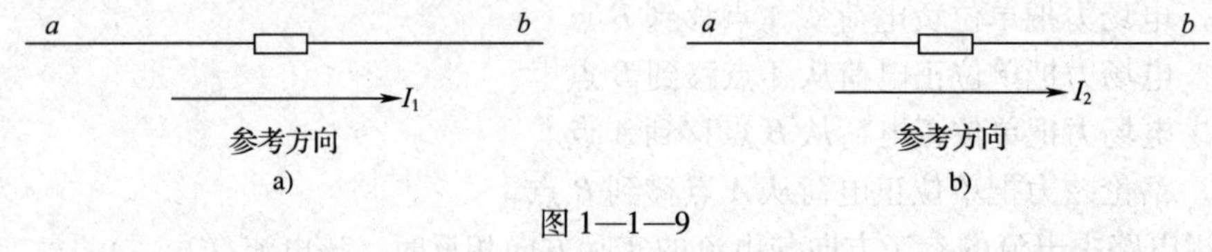

图1—1—9

2. 两只额定值分别是110 V、40 W和110 V、100 W的灯泡，能否串联后接到220 V的电源上使用？如果两只灯泡的额定功率相同又如何？

3. 有一只量程为250 V的直流电压表，它的内阻为50 kΩ，用它测量电压时，允许通过的最大电流是多少？

4. 有一只量程为100 μA的电流表，其内阻 $r_c=1$ kΩ，若将其量程扩大为10 mA，应并联多大的分流电阻？

5．求图 1—1—10 所示各电路的入端电阻 R_{ab}。

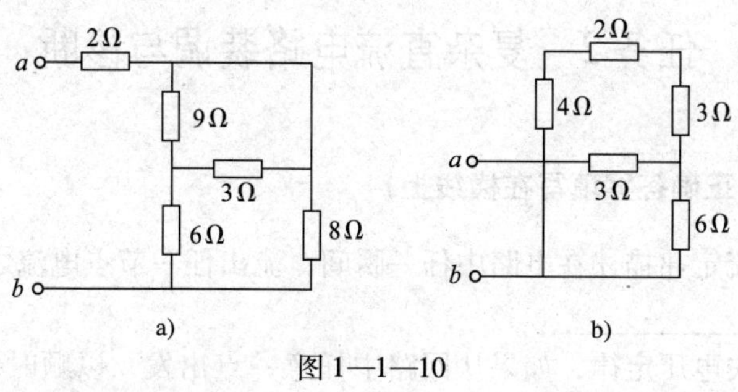

图 1—1—10

6．直流电路如图 1—1—11 所示，以 b 点为参考点时，a 点的电位为 6 V，求电源 E_3 的电动势及其输出的功率。

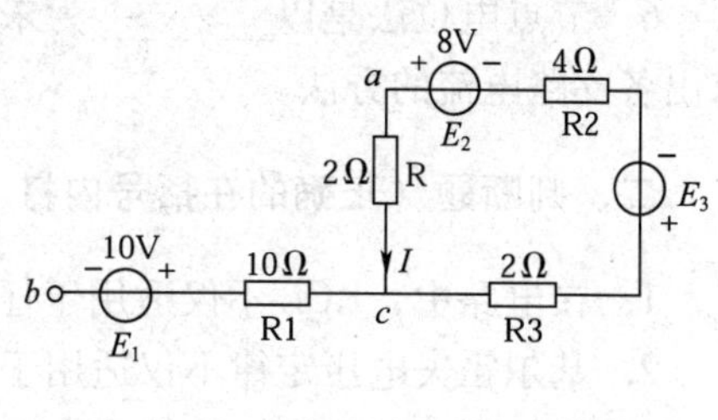

图 1—1—11

7．求图 1—1—12 所示电路中的电流 I 和电压源的功率。

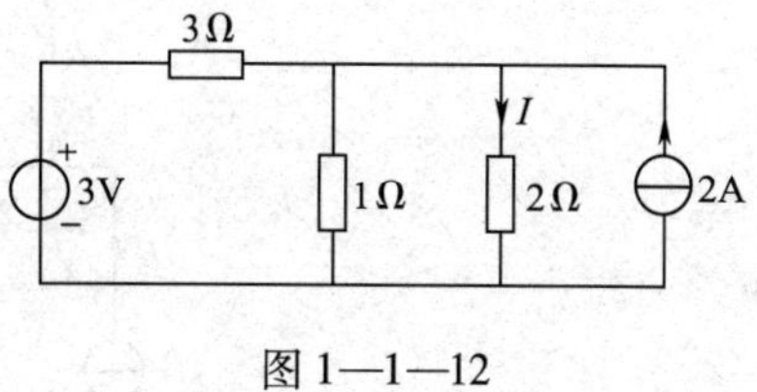

图 1—1—12

任务2　复杂直流电路装调与诊断

一、填空题（将正确答案填写在横线上）

1. 基尔霍夫电流定律描述在电路中任一瞬间，流出任一节点电流之和恒等于________，方程式为____________________。

2. 根据基尔霍夫电压定律，如果从回路中任意一点出发，以顺时针方向或逆时针方向沿回路绕行一周，则在这个方向上的电位升之和应该等于__________之和，方程式为________________________。

3. 根据叠加定理，线性电路中任一支路上的电流或元件两端的电压都是电路中各个电源单独作用时在该支路中产生的电流或元件两端电压的________。

4. 根据戴维南定理，任一线性含源二端网络，对外电路来说，总可以用一个______与______串联的模型来代替。

5. 支路电流法是以________为未知数，应用基尔霍夫定律列出所需要的方程组，然后联立求解各未知电流的方法。

6. 节点电位法是以________为未知量，先求出节点电压，再根据部分电路的欧姆定律求出各支路电流的方法。

二、判断题（正确的在括号内打“√”，错误的在括号内打“×”）

1. 在电路中，KCL不仅适用于任何节点，也适用于任意封闭面。（　　）

2. 基尔霍夫电压定律不仅适用于闭合回路，还应用于电路中的开口电路。（　　）

3. 叠加定理可用来计算任意电路的电压和电流，而不能用来直接计算功率。（　　）

4. 叠加定理适用于任何电路的求解。（　　）

5. 用戴维南定理求 R_o 时，必须将所有独立源假设为零，即电压源用开路代替，电流源用短路代替。（　　）

6. 图1—2—1所示电路中，节点 a 的方程为 $\left(\frac{1}{R_1}+\frac{1}{R_2}+\frac{1}{R_3}\right)U_S=I_S+\frac{U_S}{R_3}$。（　　）

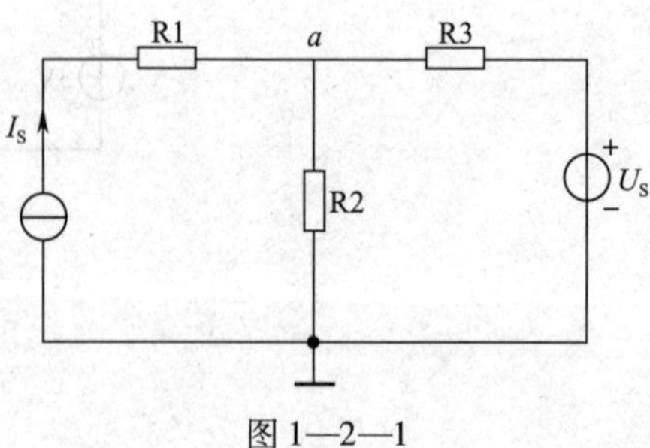

图1—2—1

7. 应用节点电压法求解电路时，参考点可要可不要。（　　）

8. 应用基尔霍夫定律列写方程式时，可以不参照参考方向。（　　）

三、选择题（将正确答案的序号填写在括号内）

1. 基尔霍夫电流定律应用于（　　）。

A. 支路　B. 节点　C. 回路　D. 网孔

2. 支路电流法是以（　　）为独立变量列写方程的求解方法。

A. 支路电流　B. 网孔电流　C. 回路电流　D. 节点电压

3. 节点电压方程中的每一项代表（　　）。

A. 一个电流　B. 一个电压　C. 一个电导　D. 电功率

4. 必须设立电路参考点后才能求解电路的方法是（　　）。

A. 支路电流法　B. 网孔电流法　C. 节点电压法

5. 叠加定理只适用于（　　）。

A. 交流电路　B. 直流电路　C. 线性电路

6. 图 1—2—2 所示电路中，已知 $U_1=1$ V，$U_2=2$ V，则电导 G_1、G_2 为（　　）。

A. 3 S、1 S　B. 5 S、1.5 S　C. 1.5 S、5 S　D. 4 S、5 S

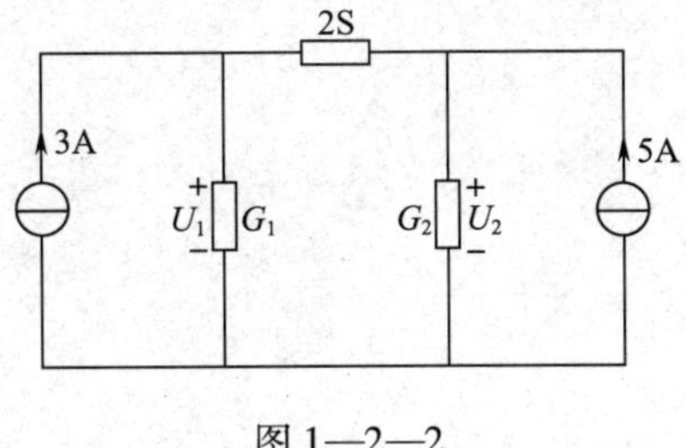

图 1—2—2

四、计算题

1. 分别求图 1—2—3a、b 所示电路中的各支路电流。

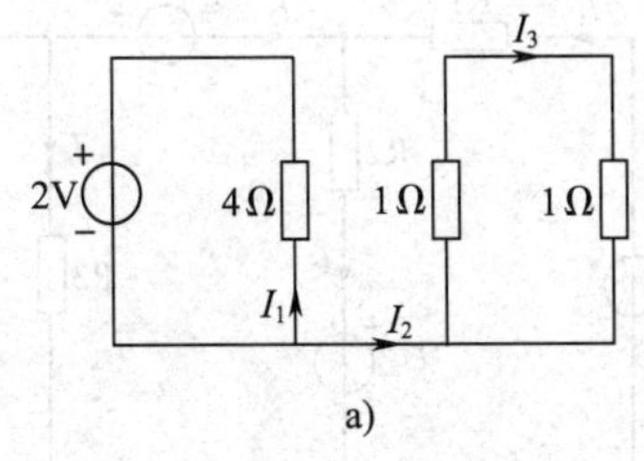

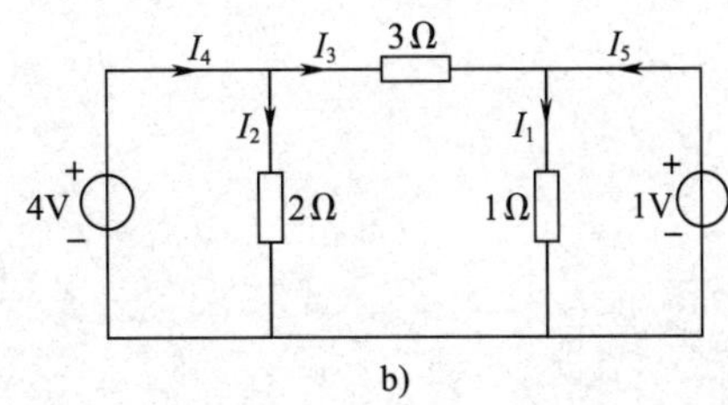

图 1—2—3

2. 求图 1—2—4 所示电路中的 U_1、U_2 和 I。

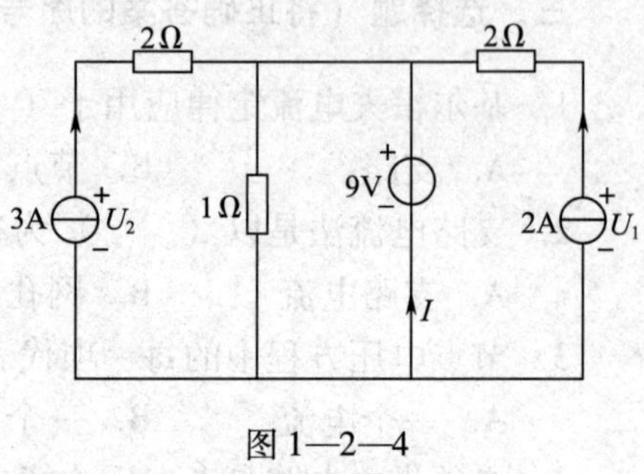

图 1—2—4

3. 求图 1—2—5 所示电路中的各支路电压和电流。

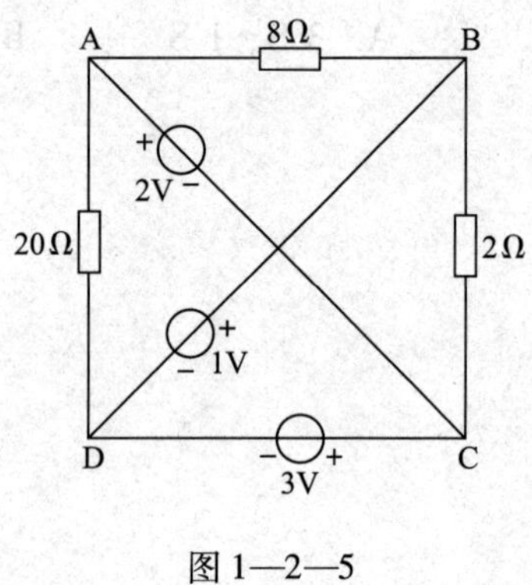

图 1—2—5

4. 电路如图 1—2—6 所示，试列出用支路分析法求解电路所需的独立方程组。

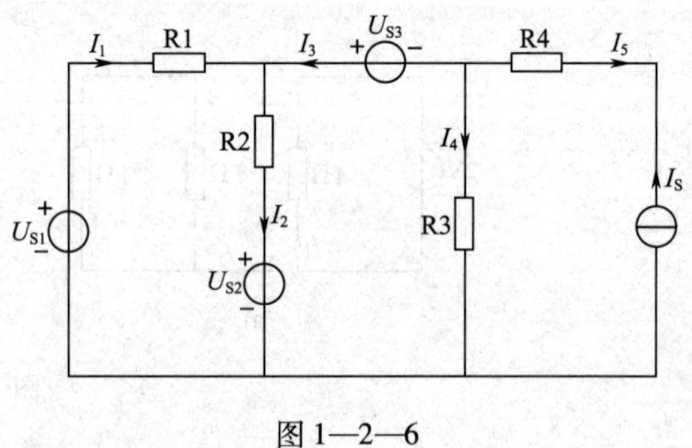

图 1—2—6

5. 用支路分析法求图 1—2—7 所示电路中的各支路电流 I_1、I_2、I_3。

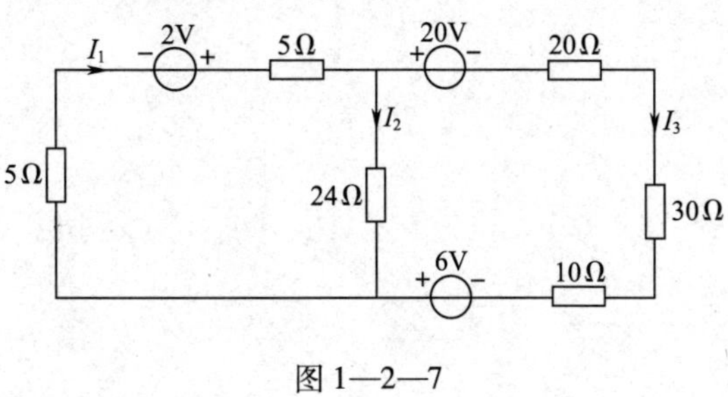

图 1—2—7

6. 某浮充供电电路如图 1—2—8 所示。整流器直流输出电压 $U_{S1}=250$ V，等效内阻 $R_{S1}=1$ Ω，浮充蓄电池组的电压 $U_{S2}=239$ V，内阻 $R_{S2}=0.5$ Ω，负载电阻 $R_L=30$ Ω，分别用支路电流法求各支路电流、负载端电压及负载上获得的功率。

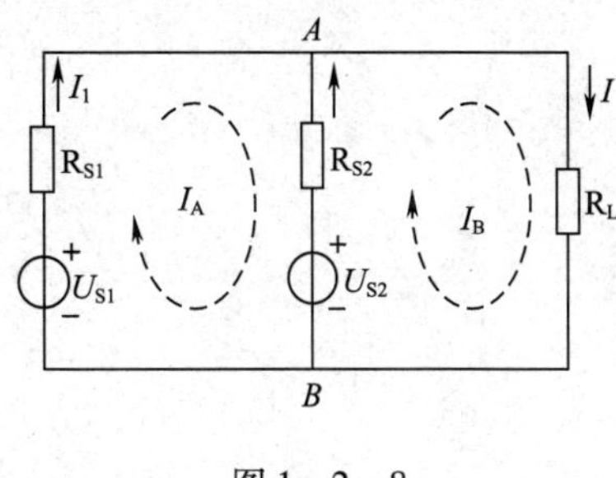

图 1—2—8

7. 用节点电压法求图 1—2—9 所示电路中的各支路电流。

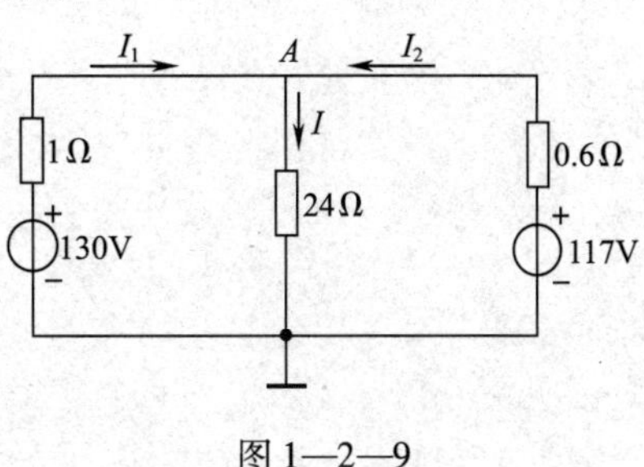

图 1—2—9

8．应用叠加定理求图 1—2—10 所示电路中的电流。

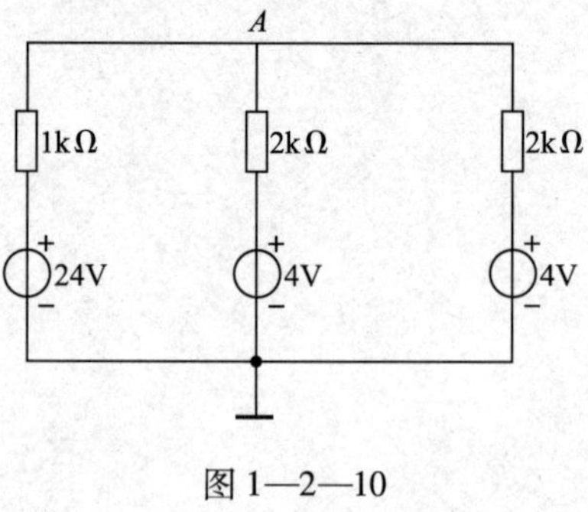

图 1—2—10

9．用戴维南定理求图 1—2—11 所示电路中通过电阻 R3 的电流 I_3。

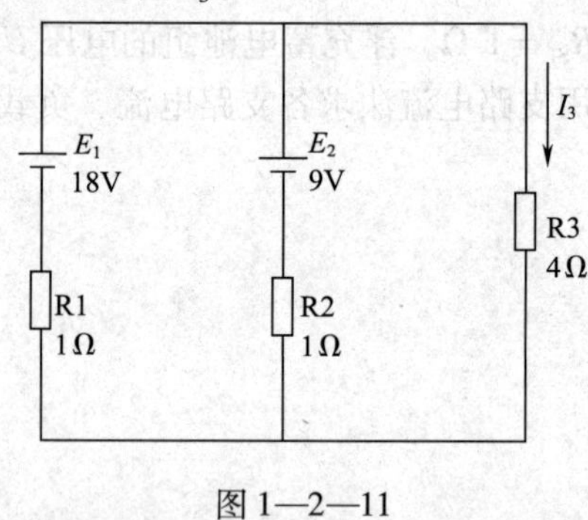

图 1—2—11

10．求图 1—2—12 所示电路的戴维南等效电路。

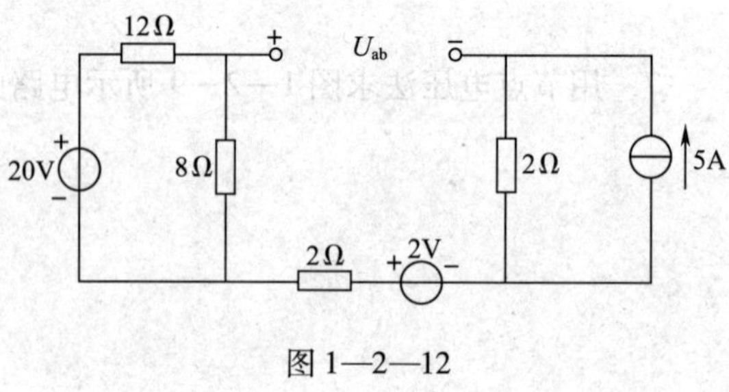

图 1—2—12

11．分别用叠加定理和戴维南定理求图 1—2—13 所示电路中的电流 I。

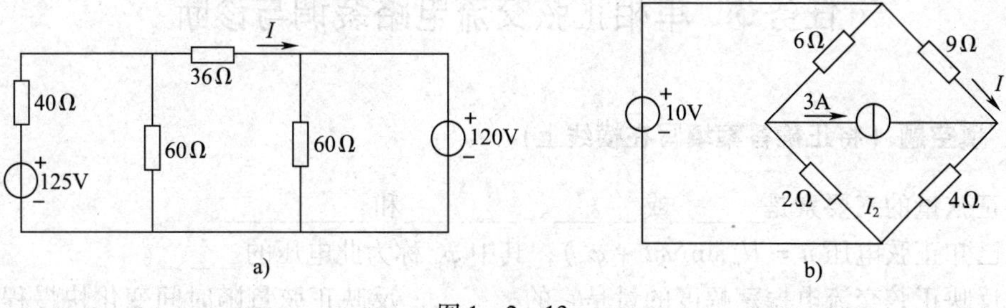

图 1—2—13

12．用戴维南定理求图 1—2—14 所示电路中的电压 U。

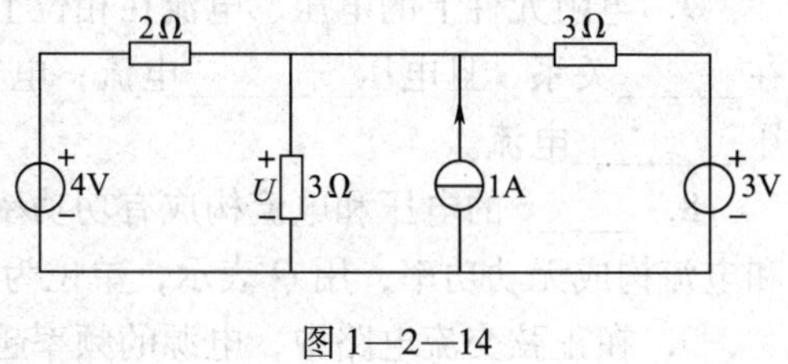

图 1—2—14

13．求图 1—2—15 所示电路中 R3 为何值时，R5 支路中的电流 $I_5=0$。

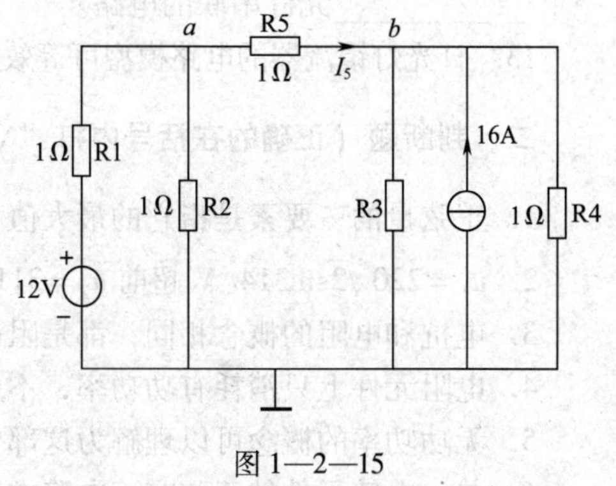

图 1—2—15

任务3　单相正弦交流电路装调与诊断

一、填空题（将正确答案填写在横线上）

1. 正弦量的三要素是______或______、________和__________。

2. 已知正弦电压 $u = U_m \sin(\omega t + \varphi_u)$，其中 φ_u 称为此电压的______。

3. 反映正弦交流电振荡幅度的量是它的______，反映正弦量随时间变化快慢程度的量是它的________，确定正弦量计时始位置的是它的______。

4. 已知正弦量 $i = 7.07\sin(314t - 30°)$ A，则该正弦电流的最大值是______A，有效值是______A，角频率是______rad/s，频率是______Hz，周期是______s。

5. 两个__________正弦量之间的相位之差称为相位差。

6. 实际应用的电表交流指示值和我们试验的交流测量值，都是交流电的__________。工程上所说的交流电压、交流电流的数值，通常也都是它们的__________值，此值与交流电最大值的数量关系为__________________。

7. 电阻元件上的电压、电流在相位上是______关系；电感元件上的电压、电流相位存在______关系，且电压________电流；电容元件上的电压、电流相位存在______关系，且电压________电流。

8. ______的电压和电流构成有功功率，用 P 表示，单位为________；________的电压和电流构成无功功率，用 Q 表示，单位为______。

9. 在正弦交流电路中，电源的频率越高，电感元件的感抗越______。

10. 已知正弦电压的有效值为 200 V，频率为 100 Hz，初相角为 $-45°$，则其瞬时值表达式为________________________。

11. 正弦交流电压的最大值 U_m 与其有效值 U 之比 $\frac{U_m}{U}$ = __________。

12. 某一负载的复数阻抗为 $Z = (20 - j30)\ \Omega$，则该负载电路可等效为一个电阻元件和一个____________元件串联的电路。

13. 日光灯镇流器的电路模型可等效为一个电阻元件和一个__________元件串联的电路。

二、判断题（正确的在括号内打“√”，错误的在括号内打“×”）

1. 正弦量的三要素是指它的最大值、角频率和相位。（　　）

2. $u_1 = 220\sqrt{2}\sin 314t$ V 超前 $u_2 = 311\sin(628t - 45°)$ V 为45°电角。（　　）

3. 电抗和电阻的概念相同，都是阻碍交流电流的因素。（　　）

4. 电阻元件上只消耗有功功率，不产生无功功率。（　　）

5. 无功功率的概念可以理解为这部分功率在电路中不起任何作用。（　　）

6. 单一电感元件的正弦交流电路中，消耗的有功功率比较小。（　　）

7. 当电感元件的电压 u 与电流 i 为关联参考方向时，有 $u = j\omega Li$。（　　）

8. 在图1—3—1所示正弦电流电路中，两电流表的读数均为 2 A。（　　）

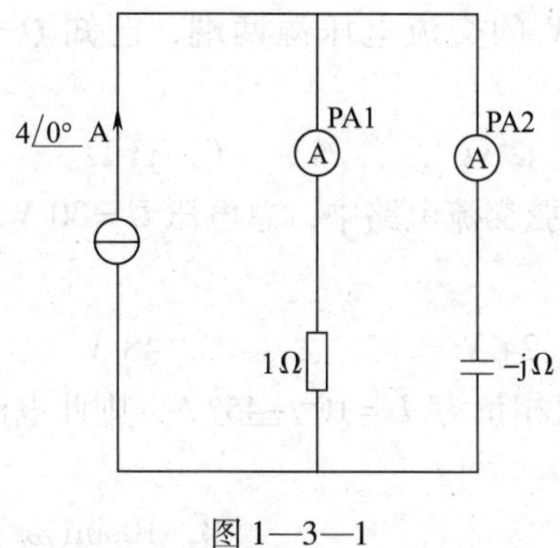

图 1—3—1

9. 如电感元件的电流不变，无论其电感值为多大，都可等效为短路；如电容元件的电压不变，无论其电容值为多大，都可等效为开路。（　）

10. 正弦量的初相位与计时起点的选择有关，而两个同频率正弦量的相位差与计时起点的选择无关。（　）

三、选择题（将正确答案的序号填写在括号内）

1. 正弦交流电流的频率为 50 Hz，有效值 1 A，初相角 90°，其时间表示为（　　）。

A. $i(t)=\sin(314t+90°)$ A　　B. $i(t)=\sqrt{2}\sin(314t+90°)$ A

C. $i(t)=\cos(314t+90°)$ A　　D. $i(t)=\sqrt{2}\cos(314t+90°)$ A

2. 在负载为纯电容元件的正弦交流电路中，电压 u 与电流 i 的相位关系是（　　）。

A. u 滞后 i 90°　　B. u 超前 i 90°　　C. 反相　　D. 同相

3. 如图 1—3—2 所示，$\dot{U}$ 和 $\dot{I}$ 的关系是（　　）。

A. $\dot{U}=(R+\mathrm{j}\omega L)\dot{I}$　　B. $\dot{U}=-(R+\mathrm{j}\omega L)\dot{I}$

C. $\dot{I}=(R+\mathrm{j}\omega L)\dot{U}$　　D. $\dot{I}=-(R+\mathrm{j}\omega L)\dot{U}$

4. 如图 1—3—3 所示，ab 的等效阻抗是（　　）。

A. 0 Ω　　B. 1 Ω　　C. (1+j) Ω　　D. 2 Ω

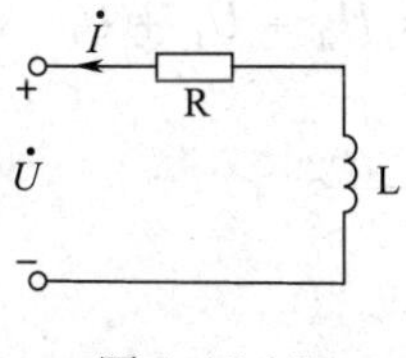

图 1—3—2

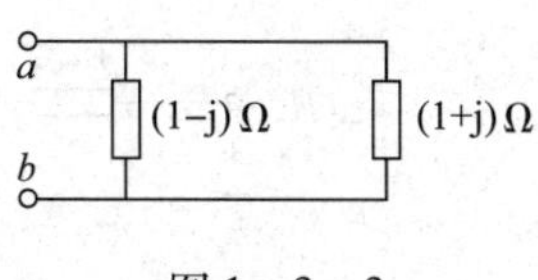

图 1—3—3

5. 如图 1—3—4 所示，已知电压源的功率 $P=2$ W，则 Z_1 的功率 P_1 是（　　）。

A. 0.25 W　　B. 0.5 W　　C. 1 W　　D. 2 W

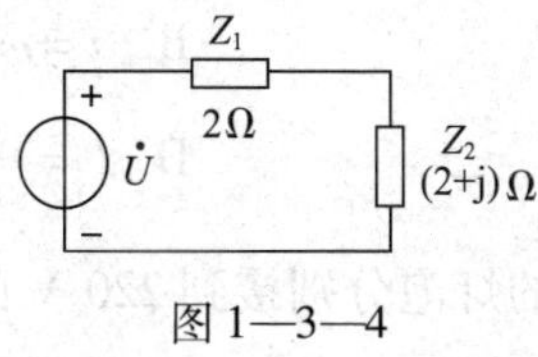

图 1—3—4

6. 电感接在有效值为 2 V 的交流电压源两端，已知 $Q=1$ Var，则该电感的阻抗是（　　）。

A. jω　　B. j2 Ω　　C. j3 Ω　　D. j4 Ω

7. 已知在 R、L 串联的正弦交流电路中，总电压 $U=30$ V，L 上的电压 $U_L=18$ V，则 R 上的电压 U_R应为（　　）。

A. 12 V　　B. 24 V　　C. 48 V　　D. $48\sqrt{2}$ V

8. 已知正弦电流的有效值相量为 $\dot{I}=10\angle -45°$ A，则此电流的瞬时值表达式是下列中的（　　）。

A. $10\sin(\omega t-45°)$ A　　B. $10\sin(\omega t+45°)$ A

C. $10\sqrt{2}\sin(\omega t-45°)$ A　　D. $10\sqrt{2}\sin(\omega t+45°)$ A

9. 如图 1—3—5 所示，$C=1$ μF，$u=500\sin 1\,000t$ V，则 i 为（　　）。

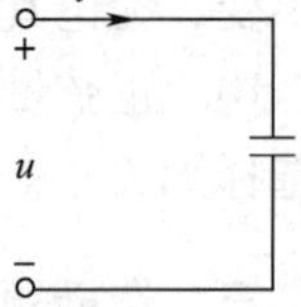

A. $500\sin(1\,000t+90°)$　　B. $500\sin(1\,000t-90°)$

C. $0.5\sin(1\,000t+90°)$　　D. $0.5\sin(1\,000t-90°)$

图 1—3—5

10. 已知某元件 $Z=(10-j4)$ Ω，则可判断该元件为（　　）。

A. 电阻性　　B. 电感性

C. 电容性　　D. 不能确定

11. 有功功率 P、无功功率 Q 与视在功率 S 之间正确的关系式是（　　）。

A. $S=P-Q$　　B. $S=\sqrt{P^2-Q^2}$

C. $S=P+Q$　　D. $S=\sqrt{P^2+Q^2}$

12. 在正弦电流电路中，对容性负载，可以用来提高功率因数的措施是（　　）。

A. 并联电容　　B. 并联电感　　C. 串联电容　　D. 不能确定

13. 采用相量法计算如图 1—3—6 所示 R、L、C 串联电路时，下列关系中正确的是（　　）。

A. $\dot{U}=\dot{U}_R+j(\dot{U}_L+\dot{U}_C)$　　B. $\dot{U}=\dot{U}_R+\dot{U}_L-\dot{U}_C$

C. $U=U_R+U_L+U_C$　　D. $\dot{U}=\dot{U}_R+\dot{U}_L+\dot{U}_C$

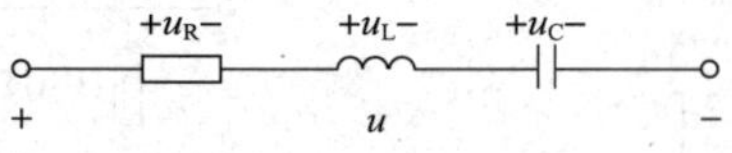

图 1—3—6

14. 影响感抗和容抗大小的因素是正弦信号的（　　）。

A. 振幅值　　B. 初相位　　C. 频率　　D. 相位

15. 如图 1—3—7 所示，正弦电流通过电容元件时，电压、电流的关系为（　　）。

A. $\dot{I}=j\omega C\dot{U}$　　B. $i=\omega Cu$

C. $I=j\omega CU$　　D. $I=\dfrac{U}{C}$

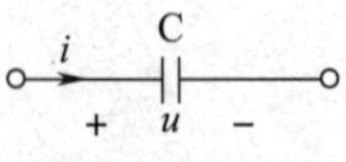

图 1—3—7

16. 把一个额定电压为 220 V 的灯泡分别接到 220 V 的交流电源和直流电源上，灯泡的亮度（　　）。

A．相同　　　　B．接到直流电源上亮

C．接到交流电源上亮　　　　D．不同

17．在正弦电流电路中，对感性负载，可以用来提高功率因数的措施是（　　）。

A．并联电容　　B．并联电感　　C．串联电容　　D．不能确定

18．正弦电流通过电阻元件时，下列关系中正确的是（　　）。

A．$P=Ri^2$　　B．$P=U_m I_m$　　C．$P=\frac{u^2}{R}$　　D．$P=\frac{U^2}{R}$

19．电感元件通过正弦电流时的有功功率为（　　）。

A．$P=ui=0$　　B．$P=0$　　C．$P=I_L^2 X_L$　　D．$P=i^2 X_L$

20．图1—3—8所示为某正弦电流电路的一部分，已知电流表PA1、PA2、PA3的读数均为10 A，则电流表PA的读数为（　　）。

A．30 A　　B．$10\sqrt{5}$ A　　C．0　　D．10 A

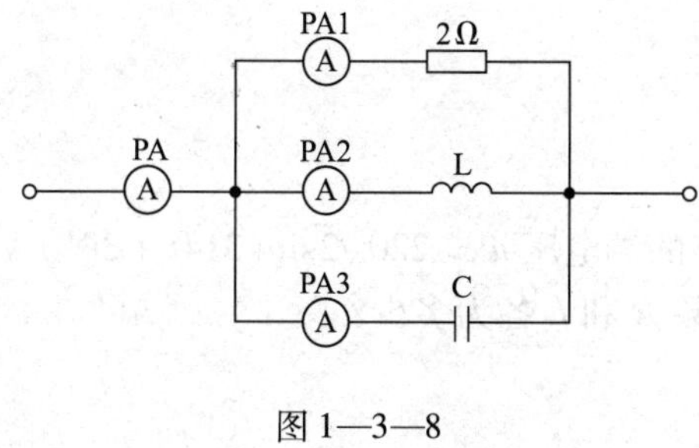

图1—3—8

四、简答与计算题

1．家用照明电路中，各个负载的连接是串联还是并联？

2．日光灯电路由哪几部分组成？并简单说明各部分的作用。

3. 一个 110 V、60 W 的白炽灯接到 50 Hz、220 V 的正弦电源上，可以用一个电阻、一个电感或一个电容和它串联。试分别求所需的 R、L、C 的值。如果换接到 220 V 的直流电源上，这三种情况的结果分别如何？

4. 已知一线圈在工频 50 V 情况下测得通过它的电流为 1 A，在 100 Hz、50 V 情况下测得电流为 0.8 A，求线圈的参数 R 和 L 各为多少？

5. 已知 R、L 串联电路的端电压 $u = 220\sqrt{2}\sin(314t + 30°)$ V，通过它的电流 $I = 5$ A 且滞后电压 45°，求电路的参数 R 和 L 各为多少？

6. 已知图 1—3—9a 所示电路中电压表读数 PV1 为 30 V，PV2 为 60 V；图 1—3—9b 所示电路中电压表读数 PV1 为 15 V，PV2 为 80 V，PV3 为 100 V，求图中电压 U_S的值。

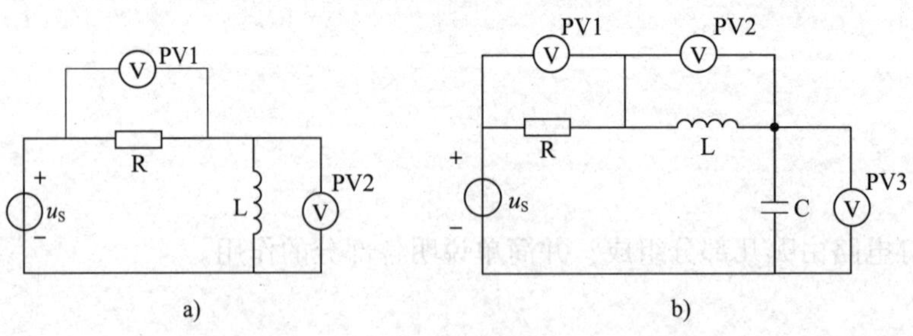

图 1—3—9

7. 在 R、L 串联电路中，外加电压 $u = 220\sqrt{2}\sin 314t$ V，按关联方向，电流 $i = 22\sqrt{2}\sin(314t - 45°)$ A，求此电路的阻抗 $|Z|$、电阻 R 及电感 L。

8. 在图 1—3—10 所示电路中，已知 $R = 2\ \Omega$，$L = 1$ H，$i(t) = 14.14\sin 2t$ A，求 $u(t)$、$i_L(t)$ 电路的有功功率、无功功率及功率因数。

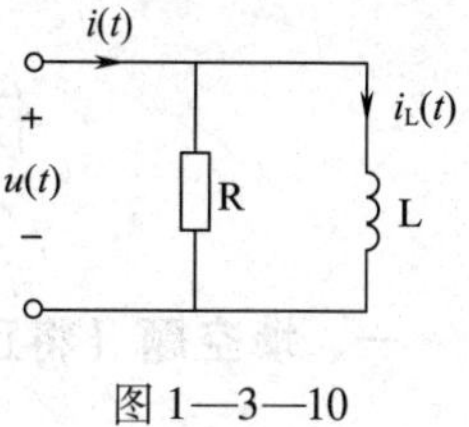

图 1—3—10

9. 有一电感线圈接于 100 V、50 Hz 的正弦交流电源上，测得此电感线圈的电流 $I = 2$ A，有功功率 $P = 120$ W，求此线圈的电阻 R 和电感 L。

10. 电路如图 1—3—11 所示，已知 $R = 10\ \text{k}\Omega$，$C = 5\ 100$ pF，外接电源电压 $u = \sqrt{2}\sin\omega t$ V，频率为 1 000 Hz，试求：(1) 电路的复数阻抗 Z；(2) $\dot{I}$、$\dot{U}_R$、$\dot{U}_C$。

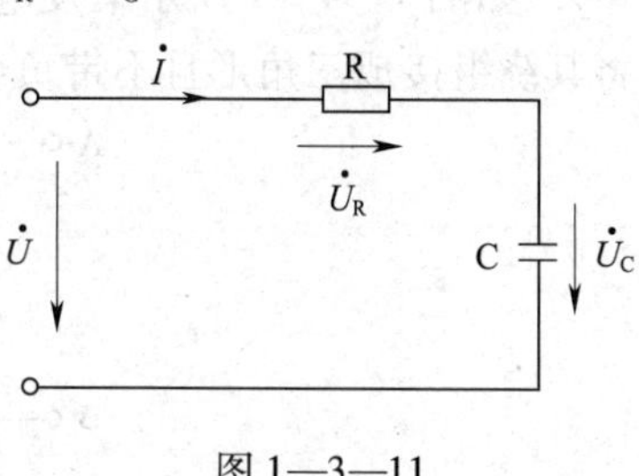

图 1—3—11

11. 一盏日光灯接于 220 V 工频交流电源上，工作时的等效电路如图 1—3—12 所示。测得灯管两端的电压为 60 V，镇流器两端的电压为 200 V，镇流器消耗的功率为 4 W，电路中的电流为 0.4 A，求灯管的等效电阻、镇流器的等效电阻与等效电感、灯管及整个电路消耗的功率。

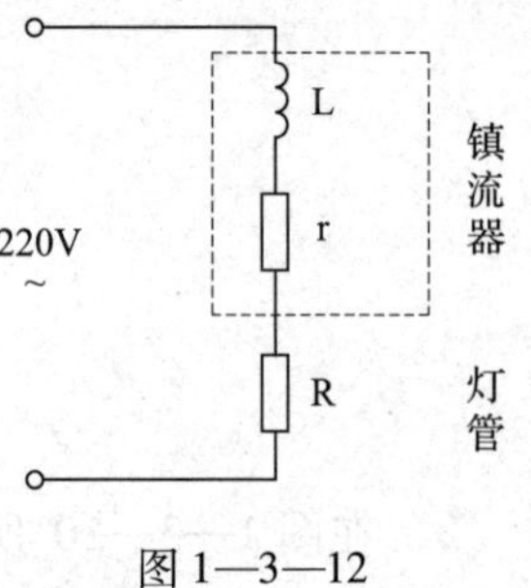

图 1—3—12

任务 4　三相正弦交流电路装调与诊断

一、填空题（将正确答案填写在横线上）

1. 对称三相电源是指三个幅值相同、频率相同和______________电动势的电源。

2. 负载三角形联结的对称三相电路中，线电流 I_l 是相电流 I_{ph} 的______倍。

3. 三相电源做星形联结时，由各相首端向外引出的输电线俗称______线，由各相尾端公共点向外引出的输电线俗称______线，这种供电方式称为________制。

4. 火线与火线之间的电压称为________电压，火线与零线之间的电压称为________电压。电源做星形联结时，数量上 $U_l =$ ____ U_p；若电源做三角形联结，则数量上 $U_l =$ ____ U_p。

5. 火线上通过的电流称为______电流，负载上通过的电流称为______电流。当对称三相负载做星形联结时，数量上 $I_l =$ ____ I_p；当对称三相负载做三角形联结时，$I_l =$ ____ I_p。

6. 测量对称三相电路的有功功率，可采用____法；如果三相电路不对称，可采用____法测量三相功率。

7. 对称三相电压源中，$u_A = U_A\sqrt{2}\sin(\omega t - 30°)$ V。当接成星形时，u_{AB} 为________；当接成三角形时，u_{AB} 为________。

8. 三相四线制供电系统，可以提供________和________两种规格的电压。

9. 如图 1—4—1 所示某发电机发出的三相电压正序对称，每相相电压有效值为 220 V，若将其绕组接成三角形且不带负载，则电压表读数为____，电流表读数为____。

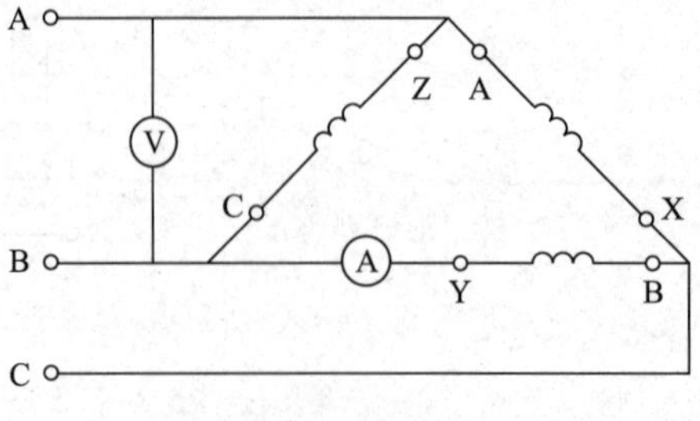

图 1—4—1

10. 对称三相电压源中，$u_A = U_A\sqrt{2}\sin(\omega t - 30°)$ V。当接成星形时，u_{AB}为________；当接成三角形时，u_{AB}为________。

11. 某对称三相电压源相电压 $u_A = 220\sqrt{2}\cos\left(\omega t + \frac{\pi}{6}\right)$ V，则 u_B = __________，u_C = __________；做星形联结时，线电压 u_{AB} = __________。

12. 不对称三相三线制电路中，线电流之和 $i_A + i_B + i_C$ = ________，线电压之和 $u_{AB} + u_{BC} + u_{CA}$ = ________。

13. 对称三相电路中，电源线电压为 220 V，负载做三角形联结，每相阻抗 $Z = 22\ \Omega$，则线电流为__________，三相总有功功率为__________。

14. 常见触电类型有______触电、______触电、______触电。

15. 通常规定交流________及以下、直流________及以下为安全电压。

二、判断题（正确的在括号内打“√”，错误的在括号内打“×”）

1. 任何三相三线制电路均有 $u_{AB} + u_{BC} + u_{CA} = 0$，$i_A + i_B + i_C = 0$。（ ）

2. 三相负载做有中线的星形联结，接至对称三相电压源，不论负载对称与否，总有 $\dot{I}_A + \dot{I}_B + \dot{I}_C = 0$。（ ）

3. 对称三相电源连成开口三角形且不带负载，如图 1—4—2 所示，若开口处电压为零，则电源绕组接线正确。（ ）

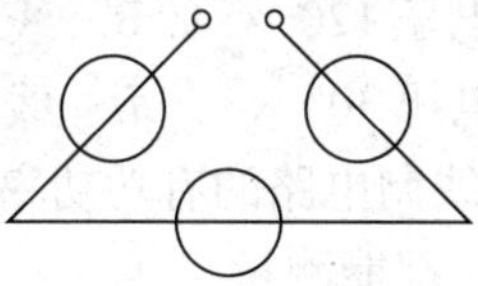

图 1—4—2

4. 三相负载做有中线的星形联结，如各相电流有效值相等，则负载对称。（ ）

5. 三相负载做三角形联结，如各相电流有效值相等，则负载对称。（ ）

6. 三相电动机每相绕组的额定电压为 380 V，当三相电源线电压为 380 V 时，电动机绕组星形联结方能正常工作。（ ）

7. 对称三相电路中，每组相电流相量之和等于零，每组相电压瞬时值之和也等于零。（ ）

8. 三相负载做三角形联结，接对称三相电压源，如果负载对称，则负载相电压对称；如果负载不对称，则负载相电压不对称。（ ）

9. 在三相三线制电路中，如果 $\dot{I}_A$、$\dot{I}_B$、$\dot{I}_C$ 为各线电流相量，则 $\dot{I}_A + \dot{I}_B + \dot{I}_C = 0$。在对称三相四线制电路中，中线电流相量 $\dot{I}_N = 0$。（ ）

10. 在对称三相四线制电路中，若中线阻抗 Z_N 不为零，则负载中点与电源中点不是等电位点。（ ）

11. 三相电路只要做星形联结，则线电压在数值上是相电压的 $\sqrt{3}$ 倍。（ ）

12. 三相总视在功率等于总有功功率和总无功功率之和。（ ）

13．对称三相交流电任一瞬时值之和恒等于零，有效值之和恒等于零。（　　）

14．对称三相星形联结电路中，线电压超前与其相对应的相电压 30°电角。（　　）

15．三相电路的总有功功率 $P=\sqrt{3}U_1I_1\cos\varphi$。（　　）

16．三相负载做三角形联结时，线电流在数量上是相电流的 $\sqrt{3}$ 倍。（　　）

三、选择题（将正确答案的序号填写在括号内）

1．在负载为三角形联结的对称三相电路中，各线电流与相电流的关系是（　　）。

A．大小、相位都相等

B．大小相等，线电流超前相对应的相电流 90°

C．线电流大小为相电流大小的 $\sqrt{3}$ 倍，线电流超前相对应的相电流 30°

D．线电流大小为相电流大小的 $\sqrt{3}$ 倍，线电流滞后相对应的相电流 30°

2．星形联结的对称三相电源的线电压 $\dot{U}_{AB}$ 与其相对应的相电压 $\dot{U}_A$ 的关系是 $\dot{U}_{AB}=$（　　）。

A．$\sqrt{2}\dot{U}_A\angle{-30°}$　B．$\sqrt{2}\dot{U}_A\angle{30°}$　C．$\sqrt{3}\dot{U}_A\angle{-30°}$　D．$\sqrt{3}\dot{U}_A\angle{30°}$

3．三相四线制电路中，已知三相电流是对称的，并且 $I_A=10$ A，$I_B=10$ A，$I_C=10$ A，则中线电流 I_N 为（　　）。

A．10 A　B．5 A　C．0　D．30 A

4．在三相四线制供电系统中，电源线电压与相电压的相位关系为（　　）。

A．线电压滞后相对应的相电压 120°　B．线电压超前相对应的相电压 120°

C．线电压滞后相对应的相电压 30°　D．线电压超前相对应的相电压 30°

5．当用双功率表法测量三相三线制电路的有功功率时，（　　）。

A．不管三相电路是否对称，都能测量

B．三相电路完全对称时，才能正确测量

C．在三相电路完全对称和简单不对称时，才能正确测量

D．根本无法完成

6．测量三相电路功率时，不论电路是否对称，（　　）。

A．三相四线制用二表法　B．三相四线制用一表法

C．三相三线制用一表法　D．三相三线制用二表法

7．图 1—4—3 所示对称三相电路中，开关 S 闭合时电流表读数为 1 A，开关 S 打开时电流表读数（　　）。

A．变大　B．变小

C．不变　D．为零

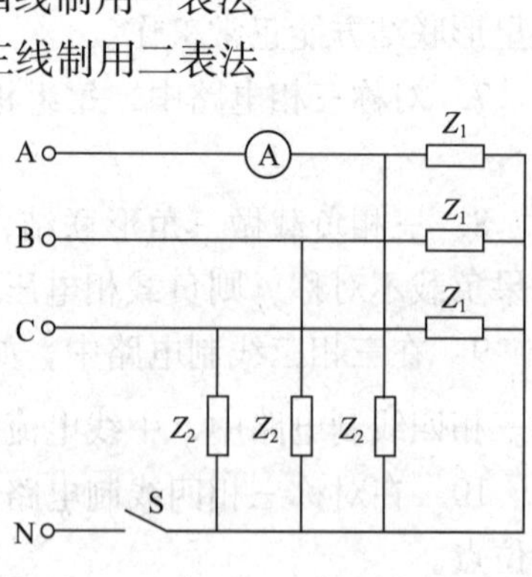

图 1—4—3

8．电源和负载均为星形联结的对称三相电路中，负载联结不变，电源改为三角形联结，负载电流有效值（　　）。

A．增大　B．减小

C．不变　D．不能确定

9．三相电路中，下列结论正确的是（　　）。

A. 负载做星形联结，必须有中线

B. 负载做三角形联结，线电流必为相电流的 $\sqrt{3}$ 倍

C. 负载做星形联结，线电压必为相电压的 $\sqrt{3}$ 倍

D. 负载做星形联结，线电流等于相电流

10. 图 1—4—4 所示电路接至对称三相电压源，负载相电流 $\dot{I}_{AB}$ 与线电流 $\dot{I}_A$ 的关系为（　　）。

A. $\dot{I}_{AB} = \dot{I}_A$　　　　B. $\dot{I}_{AB} = \sqrt{3}\dot{I}_A$

C. $\dot{I}_{AB} = \frac{1}{\sqrt{3}}\dot{I}_A \angle -30°$　　　　D. $\dot{I}_{AB} = \frac{1}{\sqrt{3}}\dot{I}_A \angle 30°$

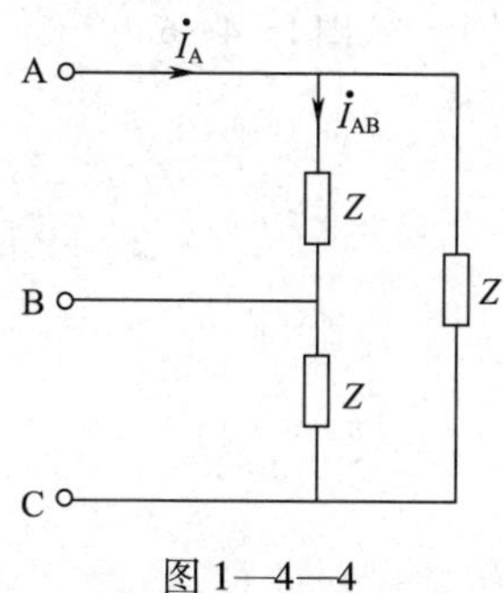

图 1—4—4

11. 在 Y—Y 联结对称三相电路中，一相等效计算电路中的电压源电压 $\dot{I}_{AB}$ 等于（　　）。

A. $\dot{U}_{AB}$　　B. $\frac{1}{\sqrt{3}}\dot{U}_{AB} \angle -30°$　　C. $\frac{1}{\sqrt{3}}\dot{U}_{AB} \angle 30°$　　D. $\frac{1}{3}\dot{U}_{AB}$

12. 对称三相电源相电压 $u_A = \sqrt{2}U\cos\omega t$ V。当做星形联结时，线电压 u_{BC} 为（　　）。

A. $\sqrt{2}U\cos(\omega t - 90°)$ V　　　　B. $\sqrt{6}U\cos(\omega t + 90°)$ V

C. $\sqrt{6}U\cos(\omega t - 90°)$ V　　　　D. $\sqrt{2}U\cos(\omega t + 90°)$ V

13. 在图 1—4—5 所示三相电路中，对称三相电压源线电压为 380 V，开关 S 闭合后电流的 $\dot{I}_C$ 值（　　）。

A. 变大　　B. 不变　　C. 变小　　D. 为零

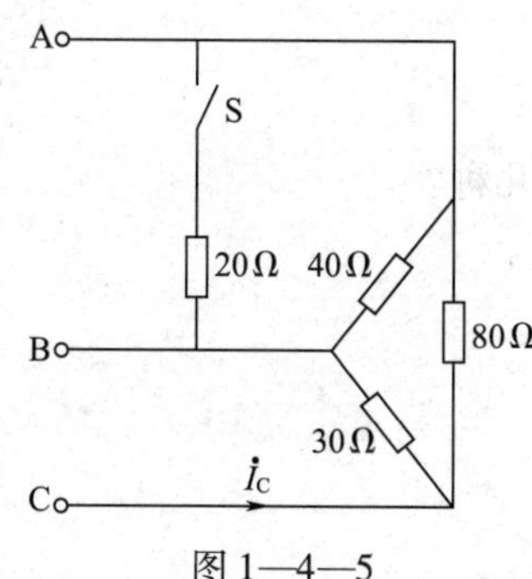

图 1—4—5

14. 在图 1—4—6 所示三相电路中，开关 S 断开时线电流为 2 A，开关 S 闭合后 $\dot{I}_A$ 为（　　）。

A. 6 A　　B. 4 A　　C. $2\sqrt{3}$ A　　D. $4\sqrt{3}$ A

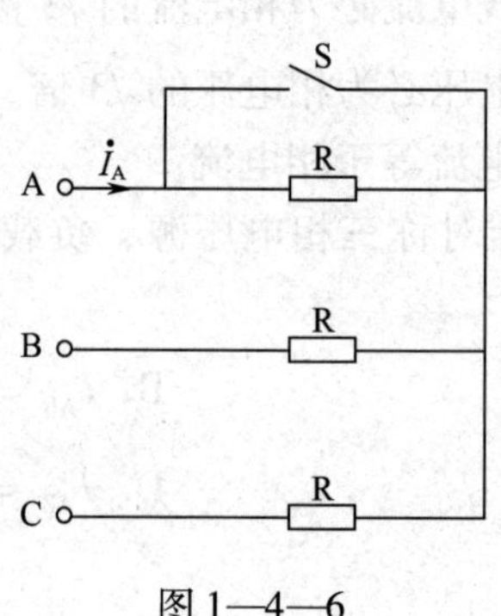

图 1—4—6

四、简答题

1. 什么是三相电路?

2. 三相电源的连接方式有哪几种? 其特点是什么?

3. 三相负载的连接方式有哪几种?

4. 三相负载做星形联结时，电源线电压与负载承受的相电压之间有何关系？

5. 三相对称负载做星形联结时，中线是否可以取消？三相不对称负载做星形联结时，中线是否可以取消？为什么？

6. 常见的电力供电系统有哪几种？

7. 什么是触电？常见的触电方式和原因有哪几种？

8. 影响人体触电受伤害程度的因素有哪些？

五、计算题

1．在图 1—4—7 所示对称三相电路中，$R_{AB}=R_{BC}=R_{CA}=100\ \Omega$，电源线电压为 380 V，求：（1）电压表和电流表的读数各是多少？（2）三相负载消耗的功率 P 是多少？

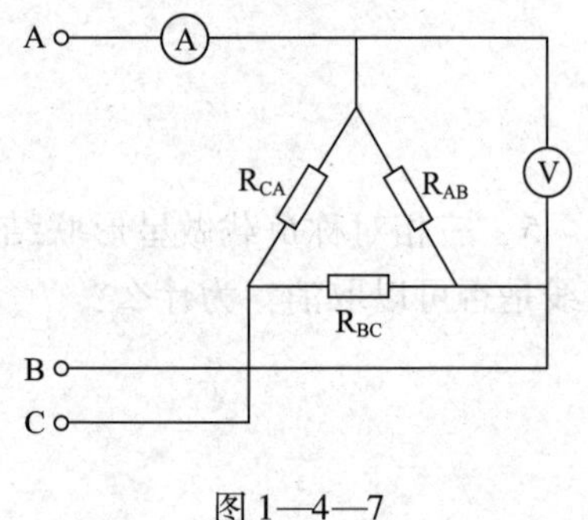

图 1—4—7

2．对称三相交流电路电源为顺相序，已知 $u_A(t)=380\sin 314t$ V，负载为星形联结，每相负载 $Z=(3+j4)\ \Omega$，求负载线电流的有效值相量。

3．如图 1—4—8 所示电路，三角形联结的对称负载，电源线电压 $U_1=220$ V，每相负载的电阻为 30 Ω，感抗为 40 Ω，求相电流与线电流。

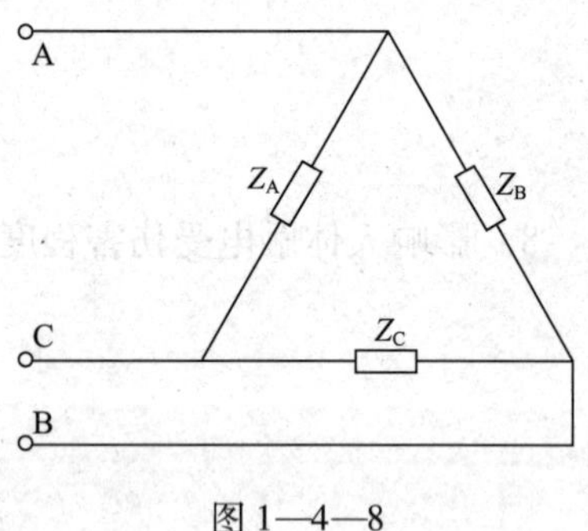

图 1—4—8

4．如图1—4—9所示电路，阻抗 $Z=(8+\mathrm{j}6)\ \Omega$，接至对称三相电源，设电压 $\dot{U}_{AB}=380\angle 0^\circ\ \mathrm{V}$。（1）求线电流 $\dot{I}_A$；（2）求三相负载总有功功率。

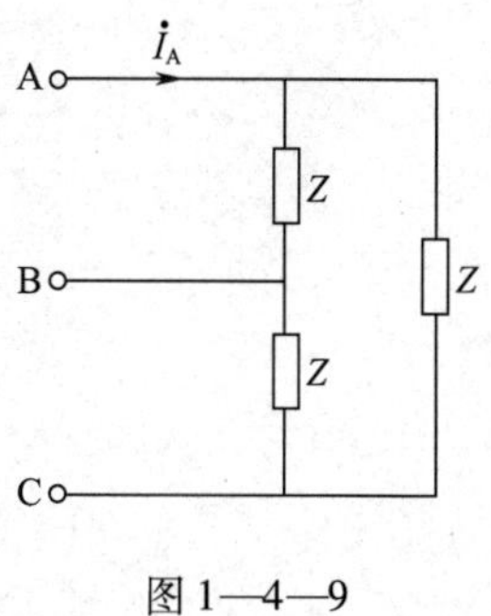

图1—4—9

5．在图1—4—10所示对称三相电路中，负载阻抗 $Z=(6+\mathrm{j}8)\ \Omega$，电源线电压为380 V，$f=50\ \mathrm{Hz}$。（1）求负载相电流有效值；（2）写出相电流 i_A、线电压 u_{AB} 的瞬时值表达式；（3）求三相负载的有功功率、无功功率。

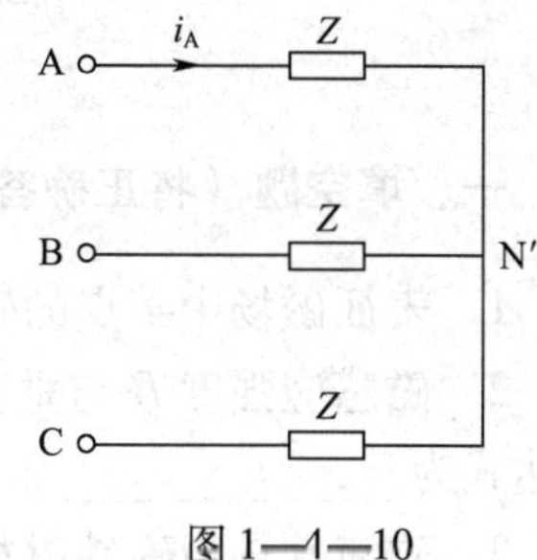

图1—4—10

6．在图1—4—11所示对称三相电路中，负载线电压 $U_{A'B'}=380\ \mathrm{V}$，$Z_1=(5+\mathrm{j}2)\ \Omega$，$Z=\mathrm{j}90\ \Omega$，求三相电源提供的有功功率和无功功率。

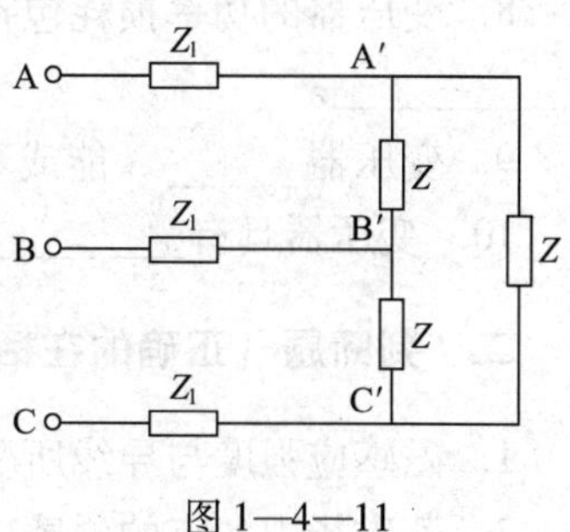

图1—4—11

7. 在图1—4—12所示对称三相电路中，线电压有效值为100 V，$Z=5\underline{/45°}\ \Omega$。(1) 求线电流；(2) 求三相负载的有功功率、无功功率和视在功率。

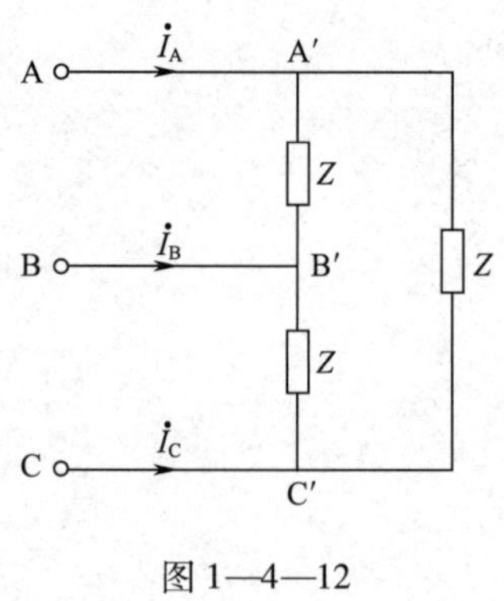

图1—4—12

任务5　交流铁心线圈电路测量

一、填空题（将正确答案填写在横线上）

1. 表征磁场中某点的磁场强弱和方向的物理量是__________，单位是__________。

2. 磁感应强度 B 与垂直于磁场方向的面积 S 的乘积，称为通过该面积的__________，表达式为______________。

3. 磁滞性是指磁性材料中______的变化总是滞后于外磁场变化的性质。

4. 根据磁性物质的磁性能，磁性材料分为________、________、________三种类型。

5. 磁路欧姆定律可以描述为_________________，表达式为_________________。

6. 根据线圈通电电流性质的不同，铁心线圈可分为_____电路和_____电路两种。

7. 由磁滞所产生的铁损称为____________。

8. 变压器的功率损耗包括铜损耗和____________损耗，由电阻所产生的功率损耗称为____________。

9. 变压器______（能或不能）对直流电压进行变压。

10. 变压器具有__________、__________、__________的作用。

二、判断题（正确的在括号内打“√”，错误的在括号内打“×”）

1. 磁感应强度与导线所受的磁场力的大小及其通过该导线的电流有关。　（　　）

2. 若磁场中各点的磁感应强度相等（大小与方向都相同），则为匀强磁场。　（　　）

3. 磁场强度 H 与磁感应强度 B 成反比，与介质磁导率 μ 成正比。　（　　）

4. 磁路欧姆定律表达式说明磁路中的磁通与磁通势成反比，与磁阻成正比。　（　　）

5. 涡流的产生对任何电气设备都是有害的。　（　　）

三、选择题（将正确答案的序号填写在括号内）

1．磁动势的单位是（　　）。

A．Wb　　B．A/m　　C．A　　D．A·m

2．B 与 H 的关系是（　　）。

A．$H = MB$　　B．$H = \mu_0 B$　　C．$B = \mu H$　　D．$B = \mu_0 H$

3．自耦变压器的变比为 K，其一次侧、二次侧电压与电流之比为（　　）。

A．K、K　　B．$1/K$、$1/K$　　C．$1/K$、K　　D．K、$1/K$

4．变压器的电压调整率定义为（　　）。

A．$\frac{U_{20} - U_2}{U_{20}} \times 100\%$　　B．$\frac{U_{20} - U_2}{U_2} \times 100\%$

C．$\frac{U_2 - U_{20}}{U_2} \times 100\%$　　D．$\frac{U_2 - U_{20}}{U_{20}} \times 100\%$

5．下列电量中变压器不能进行变换的是（　　）。

A．电压　　B．电流　　C．阻抗　　D．频率

四、简答题

1．变压器的组成部分有哪些？

2．变压器同名端是什么意思？判别同名端有哪些方法？

3．试用交流判别法判别变压器同名端。

五、计算题

1. 变压器的一次绕组 800 匝，一次侧电压 200 V，二次侧接一电阻，二次侧电压 40 V，电流 8 A，求一次侧电流及二次侧匝数。

2. 一单相变压器额定容量为 50 kV · A，额定电压为 10 000/230 V。当此变压器向 $R = 0.842\ \Omega$ 、$X_L = 0.618\ \Omega$ 的负载供电时正好满载，求变压器一次、二次绕组的额定电流和电压调整率。

模块二　模拟电路技术

任务1　整流器设计与装调

一、填空题（将正确答案填写在横线上）

1. 整流的过程就是将__________变为__________的过程。
2. 整流器由__________、__________和__________三部分组成。
3. 根据导电性，物质可分为__________、__________、__________。二极管是________，具有________性。
4. 整流电路可以分为____________、____________、____________和倍压整流电路，其中____________最为经常使用。
5. 直流稳压电源由____________、____________和____________组成。
6. PN 结在______________的外界条件下会显示单向导电性。
7. 在 N 型半导体中，自由电子为________载流子，空穴为________载流子。

二、判断题（正确的在括号内打“√”，错误的在括号内打“×”）

1. 本征半导体温度升高后两种载流子浓度仍然相等。（　　）
2. 未加外部电压时，PN 结中的电流从 P 区流向 N 区。（　　）
3. 利用两只 NPN 型管构成的复合管只能等效为 NPN 型管。（　　）
4. 直流稳压电源中的滤波电路是低通滤波电路。（　　）
5. 零点漂移就是静态工作点的漂移。（　　）
6. 半导体中的空穴带正电。（　　）
7. P 型半导体带正电，N 型半导体带负电。（　　）
8. 一只 NPN 型管和一只 PNP 型管既可以复合成 NPN 型管，也可以复合成 PNP 型管。（　　）

三、选择题（将正确答案的序号填写在括号内）

1. 硅二极管的正向导通压降比锗二极管的正向导通压降（　）。
   A. 大　　B. 小　　C. 相等
2. PN 结加正向电压时，空间电荷区将（　　）。
   A. 变窄　　B. 基本不变　　C. 变宽
3. 稳压管稳压时工作在（　　）。
   A. 正向导通　　B. 反向截止　　C. 反向击穿

4．当晶体管工作在放大区时，发射结电压（　　），集电结电压（　　）。

A．反偏　也反偏　　B．正偏　反偏　　C．正偏　也正偏

5．$U_{GS}=0$ 时，能够工作在恒流区的场效应管有（　　）。

A．结型管　　B．增强型 MOS 管　　C．耗尽型 MOS 管

6．确保二极管安全工作的两个主要参数分别是（　　）和（　　）。

A．U_D　I_F　　B．I_F　I_S　　C．I_F　U_R

7．二极管的反偏电压升高，其结电容（　　）。

A．增大　　B．减小　　C．不变

四、简答与作图题

1．画出桥式整流电路的基本电路结构。

2．简述如何判断一只二极管的正负极性及好坏。

3．在整流滤波电路中，采用滤波电路的主要目的是什么？电容滤波和电感滤波各有什么特点？

任务 2　三极管放大电路设计与装调

一、填空题（将正确答案填写在横线上）

1．为了改善共发射极放大电路的电路性能，提高放大器的带负载能力，一般要在后级设置一个共集电极放大电路，即____________。

2．三极管由__________、__________、__________和封装外壳组成。

3．三极管的三个电极 b、c、e 的电流关系满足____________________。

4．集电极电流 I_c 与基极电流 I_b 的比值基本为定值，用 β 表示两个电流的比值，则有____________________。

5. 输出特性曲线划分成三个区域：____________、____________和____________，即三极管的三种工作状态。

6. 根据组成材料，NPN 型管一般以__________材料为多，PNP 型管一般以__________材料为多。

二、判断题（正确的在括号内打"√"，错误的在括号内打"×"）

1. 三极管是构成放大电路的核心器件。（ ）
2. 由于双极型三极管的 I_c 可以由 I_b 控制，因此称其为电流控制电流源器件（CCCS）。（ ）
3. 用万用表蜂鸣挡测量三极管有数据显示，证明就是好的三极管。（ ）

三、选择题（将正确答案的序号填写在括号内）

1. 三种放大电路中输出电阻最小的电路是（ ）；既能放大电流，又能放大电压的电路是（ ）。
   A. 共基极放大电路　B. 共集电极放大电路　C. 共射极放大电路
2. 当 NPN 型晶体管工作在放大区时，各极电位关系为 U_c（ ）U_b（ ）U_e。
   A. >　B. <　C. =
3. 在由晶体管组成的三种基本放大电路中，（ ）放大电路的高频特性最好。
   A. 共射极　B. 共集电极　C. 共基极
4. 对于多级放大电路，其通频带与组成它的任何一级单级放大电路相比（ ）。
   A. 变宽　B. 变窄　C. 两者一样
5. 多级放大电路的级数越多，则高频附加相移（ ）。
   A. 越大　B. 越小　C. 无变化
6. 在考虑放大电路的频率失真时，若输入信号 u_i 为正弦波，则输出信号 u_o（ ）。
   A. 会产生线性失真　B. 会产生非线性失真　C. 为正弦波
7. 放大电路的两种失真分别为（ ）失真。
   A. 线性和非线性　B. 饱和和截止　C. 幅度和相位
8. 在多级放大电路中，不能抑制零点漂移的是（ ）多级放大电路。
   A. 阻容耦合　B. 变压器耦合　C. 直接耦合

四、简答与作图题

1. 放大器的通频带是否越宽越好？为什么？

2. 画出图 2—2—1 所示放大电路的直流通路、交流通路、微变等效电路。

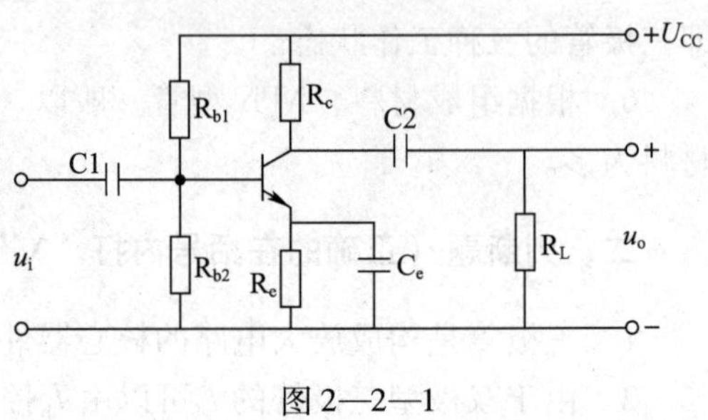

图 2—2—1

任务 3　集成运算放大电路设计与装调

一、填空题（将正确答案填写在横线上）

1. 差分放大电路能够____________。

2. 差分放大电路的差模信号是两个输入信号的__________，差分放大电路的共模信号是两个输入信号的__________。

3. 差分放大电路由双端输出变为单端输出，则共模电压增益__________。

4. 多级直接耦合放大器中，影响零点漂移最严重的一级是__________。

5. 差分放大电路如图 2—3—1 所示。

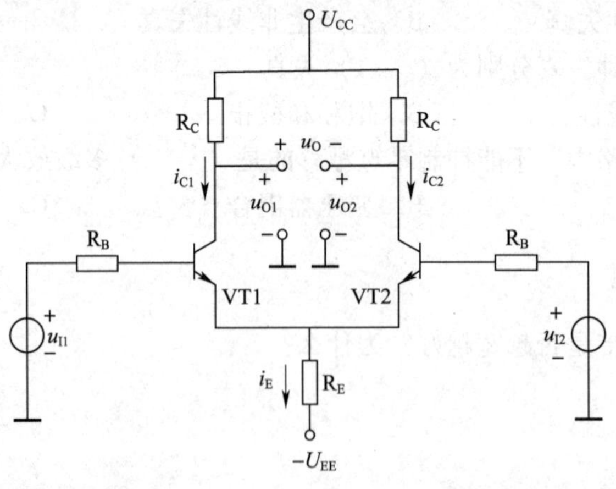

图 2—3—1

在共模输入信号作用下的交流等效电路中，R_E对于单边电路的效果相当于__________；在差模输入信号作用下的交流等效电路中，R_E对于单边电路的效果相当于__________。

二、判断题（正确的在括号内打“√”，错误的在括号内打“×”）

1. 放大器的耦合方式有两种，即直接耦合和间接耦合。（　）

2. 差动放大器中，用恒流代替长尾电阻 R_{em} 的好处，对共模信号而言是直流电阻小、交流电阻大。（　）

3. 放大器的通频带越宽越好。（　）

4. 三极管的门电压为 0.2 V。（　）

5. 开关稳压电源效率高，可达 80%~90%，且具有很宽的稳压范围。（　）

三、选择题（将正确答案的序号填写在括号内）

1. 集成运放是一种高增益的、（　）的多级放大电路。

A. 直接耦合　　B. 阻容耦合　　C. 变压器耦合

2. 通用型集成运放的输入级大多采用（　）。

A. 共射极放大电路　　B. 射极输出器　　C. 差分放大电路

3. 直接耦合放大电路产生零点漂移的主要原因是（　）。

A. 电源电压的波动

B. 晶体管参数受温度影响

C. 晶体管参数的分散性

4. 典型的差分放大电路是利用（　）来克服温漂的。

A. 电路的对称性

B. 发射极公共电阻

C. 电路的对称性和发射极公共电阻的负反馈作用

5. 共模抑制比 K_{CMR} 越大，表明电路（　）。

A. 放大倍数越稳定　　B. 交流放大倍数越大　　C. 抑制零漂的能力越强

6. 差分放大电路由双端输出变为单端输出，则差模电压增益（　）。

A. 增加　　B. 减小　　C. 不变

四、简答题

1. 简述集成运算放大器的特点。

2. 写出多级放大器的耦合方式及各自的特点。

任务4　功率放大电路设计与装调

一、填空题（将正确答案填写在横线上）

1. 甲类功率放大电路功放管的最大管耗出现在输出电压的幅值为______。

2. 甲类功率放大电路功放管的最小管耗出现在输出电压的幅值为______。

3. 乙类互补推挽功率放大电路能量转换效率最高的是______。

4. 乙类互补推挽功率放大电路在输出电压幅值约等于______时，管子的功耗最小。

5. 在图2—4—1所示功率放大电路中，二极管VD1和VD2的作用是______。

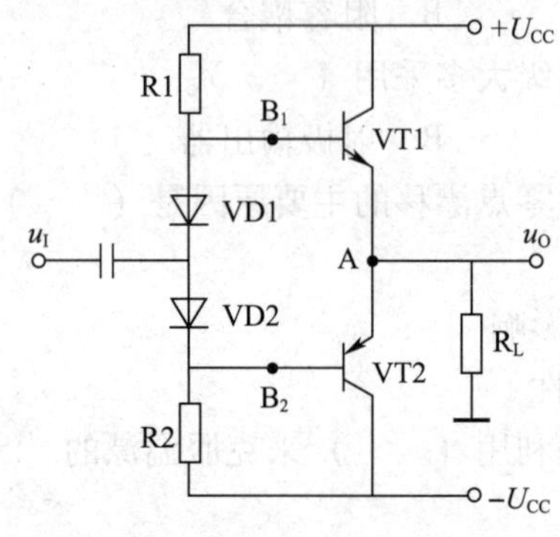

图2—4—1

6. 为了消除交越失真，应当使功率放大电路的功放管工作在______状态。

二、判断题（正确的在括号内打“√”，错误的在括号内打“×”）

1. 乙类互补功放电路存在的主要问题是有交越失真。（　　）

2. 乙类互补功放电路中的交越失真，实质上就是截止失真。（　　）

3. 设计一个输出功率为20 W的功放电路，若用乙类互补对称功率放大，则每只功放管的最大允许功耗P_{CM}至少应有8 W。（　　）

4. 单电源互补推挽功率放大电路中，输出电容起到了双电源电路中负电源的作用。（　　）

5. 乙类互补推挽功率放大电路在输出电压幅值约等于0.64倍电源电压时，管子的功耗最大。（　　）

三、选择题（将正确答案的序号填写在括号内）

1. 与甲类功率放大器相比，乙类互补推挽功放的主要优点是（　　）。

A. 无输出变压器　　B. 能量转换效率高　　C. 无交越失真

2. 所谓能量转换效率，是指（　　）。

A. 输出功率与晶体管上消耗的功率之比

B. 最大不失真输出功率与电源提供的功率之比

C. 输出功率与电源提供的功率之比

3. 功放电路的能量转换效率主要与（　　）有关。

A. 电源供给的直流功率　　B. 电路输出信号最大功率　　C. 电路的类型

4. 甲类功率放大电路的能量转换效率最高达（　）。

A. 50%　　B. 78.5%　　C. 100%

5. 甲类功率放大电路（参数确定）的输出功率越大，则功放管的管耗（　　）。

A. 不变　　B. 越大　　C. 越小

6. 对甲类功率放大电路（参数确定）来说，输出功率越大，则电源提供的功率（　　）。

A. 不变　　B. 越大　　C. 越小

四、简答题

图 2—4—2 所示为两个带自举的功放电路。试分别说明输入信号正半周和负半周时功放管输出回路电流的通路，并指出哪些元件起自举作用。

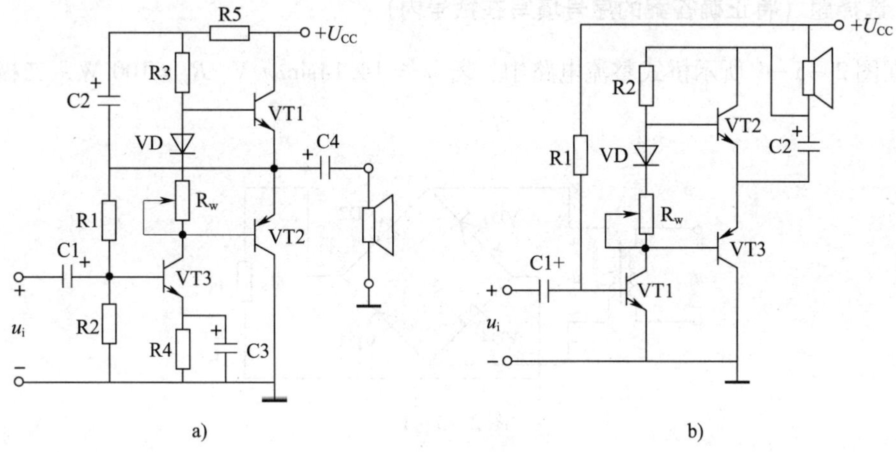

图 2—4—2

任务 5　直流稳压电源电路设计与装调

一、填空题（将正确答案填写在横线上）

1. 整流的目的是____________________________________。

2. 在直流稳压电源的滤波电路中，应选用________滤波器。

3. 串联型线性稳压电路中的放大环节，放大的对象是________。

4. 与无滤波电容的电路相比，二极管将________。

5. 在串联型线性稳压电路中，若要求输出电压为 18 V，调整管压降为 6 V，整流电路采用电容滤波，则电源变压器二次侧电压有效值约为________。

二、判断题（正确的在括号内打“√”，错误的在括号内打“×”）

1. 在直流稳压电源的滤波电路中，应选用高通滤波器。 （　）

2. 典型的串联型线性稳压电路正常工作时，调整管处于放大状态。 （　）

3. 直流稳压电源中滤波电路的目的是将交直流混合量中的交流成分滤掉。 （　）

4. 直流稳压电源一般由电源变压器、整流电路、滤波电路和稳压电路四部分组成。 （　）

5. 稳压二极管的特点是击穿后，其两端的电压基本保持不变。 （　）

三、选择题（将正确答案的序号填写在括号内）

1. 在图 2—5—1 所示桥式整流电路中，若 $u_2 = 14.14\sin\omega t$ V，$R_L = 100$ W，二极管的性能理想。

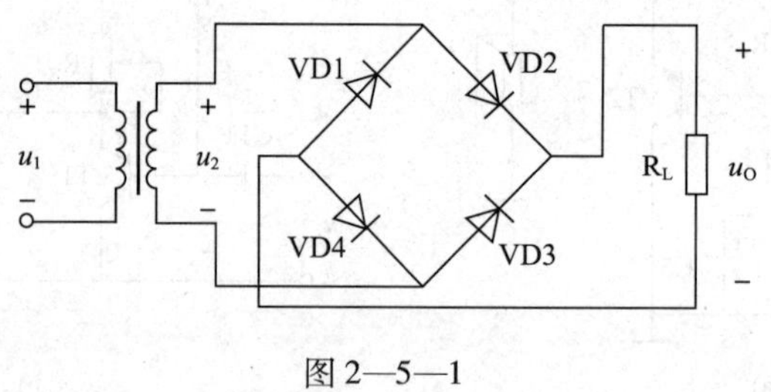

图 2—5—1

（1）电路输出电压的平均值为（　　）。

A. 14.14 V　　B. 10 V　　C. 9 V

（2）电路输出电流的平均值为（　　）。

A. 0.14 A　　B. 0.1 A　　C. 0.09 A

（3）流过每个二极管的平均电流为（　　）。

A. 0.07 A　　B. 0.05 A　　C. 0.045 A

（4）若 VD1 开路，则输出（　　）。

A. 只有半周波形　　B. 全波整流波形　　C. 无波形且变压器短路

2. 在串联型线性稳压电路中，若要求输出电压为 18 V，调整管压降为 6 V，整流电路采用电容滤波，则电源变压器二次侧电压有效值约为（　　）。

A. 18 V　　B. 20 V　　C. 24 V

四、简答题

1. 在单向桥式整流电容滤波电路中，若发生下列情况之一，对电路正常工作有什么影响?（1）滤波电容短路；（2）整流桥中一只二极管短路；（3）整流桥中一只二极管极性接反。

2. 电容滤波电路和电感滤波电路有什么区别？各适用于什么场合？

模块三　数字电路技术

任务1　基本逻辑电路设计与装调

一、填空题（将正确答案填写在横线上）

1. 脉冲是一种__________极短的电压或电流的波形。

2. 在数字逻辑电路中，基本逻辑关系有三种，包括________、________和________。在门电路中，最基本的逻辑门电路是____________、________和________。

3. 正逻辑体制规定，高电平用__________表示，低电平用__________表示。

4. 真值表就是将____________的各种可能取值和对应的______________排列在一起而组成的表格。

5. 正逻辑的与门相当于负逻辑的________，负逻辑的与门相当于正逻辑的________。

6. 与门的逻辑功能是__________，或门的逻辑功能是__________，非门的逻辑功能是__________。

7. 四输入端与门中的任意一个输入端为低电平时，该与门的输出端应为________电平。

8. 与或门的逻辑功能是__________，输出为0；______，输出为1。

9. 与门的逻辑关系式为 Y = ________，即______则0，______则1。

10. 异或门的逻辑功能是__________，输出为0；______，输出为1。

11. 数字集成电路按组成电路内部有源器件类型分为________和________，目前应用较多的是________和________两类。

12. 二进制只有______和______两个数码，进位规律是______；十进制有______个数码，进位规律是______。

13. 常用数制有______进制、______进制、______进制、______进制。

二、判断题（正确的在括号内打“√”，错误的在括号内打“×”）

1. 逻辑代数的“0”和“1”代表两种不同的逻辑状态，并不表示数值的大小。（　　）

2. 对于同一逻辑电路，既可以采用正逻辑，也可以采用负逻辑，它们表示同一电路的逻辑功能是相同的。（　　）

3. 逻辑电路中，一律用“1”表示高电平，用“0”表示低电平。（　　）

4. 与门的逻辑功能是“有1出1，全0出0”。（　　）

5. 与门和非门通常有两个或两个以上的输入端，一个输出端。（　　）

6. 与非门的表达式为 $Y=\overline{AB}$。 (　　)

7. 或非门的逻辑函数式为 $Y=\overline{A}+\overline{B}$。 (　　)

8. 或非门的逻辑功能是输入端全低，输出端则高，输入有低则低。 (　　)

9. 输出 n 位代码的二进制编码器，最多可以有 2^n 个输入信号。 (　　)

10. 8421BCD 码是最常用的二—十进制码。 (　　)

三、选择题（将正确答案的序号填写在括号内）

1. 符合“或”逻辑关系的表达式是（　　）。
   A. 1 + 1 = 2　　B. 1 + 1 = 10　　C. 1 + 1 = 1

2. 与非门输入和输出的逻辑关系是（　　）。
   A. 有 1 出 1，全 0 出 0　　B. 有 0 出 1，全 1 出 0
   C. 相同出 1，不同出 0　　D. 不同出 1，相同出 0

3. 满足图 3—1—1 所示输入、输出关系的门电路是（　　）门。
   A. 与　　B. 或　　C. 与非　　D. 或非

4. 满足图 3—1—2 所示输入、输出关系的门电路是（　　）门。
   A. 或　　B. 与　　C. 与非　　D. 非

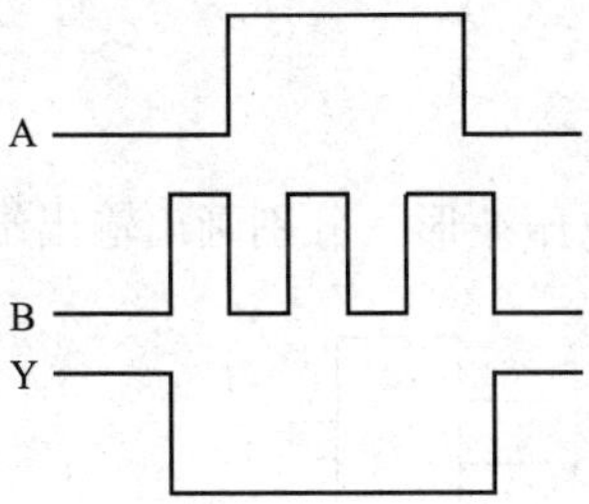

A
B
Y

图 3—1—1

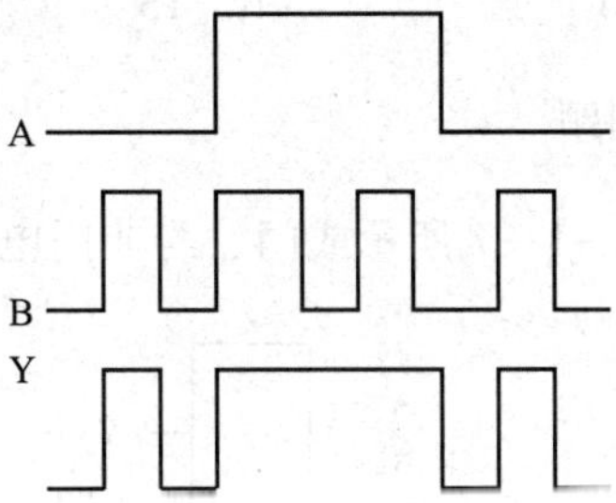

A
B
Y

图 3—1—2

5. 满足“与非”逻辑关系的输入、输出波形是图 3—1—3 中的（　　）。

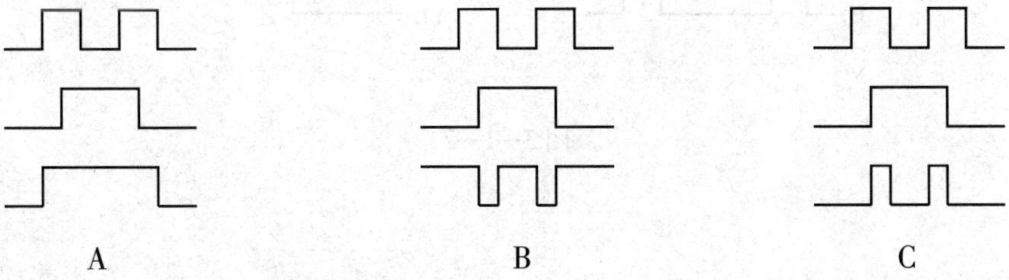

A　　B　　C

图 3—1—3

6. 满足图 3—1—4 所示输入、输出关系的门电路是（　　）门。
   A. 与　　B. 或　　C. 与非　　D. 非

7. 满足图 3—1—5 所示输入、输出关系的门电路是（　　）门。
   A. 或　　B. 与　　C. 与非　　D. 非

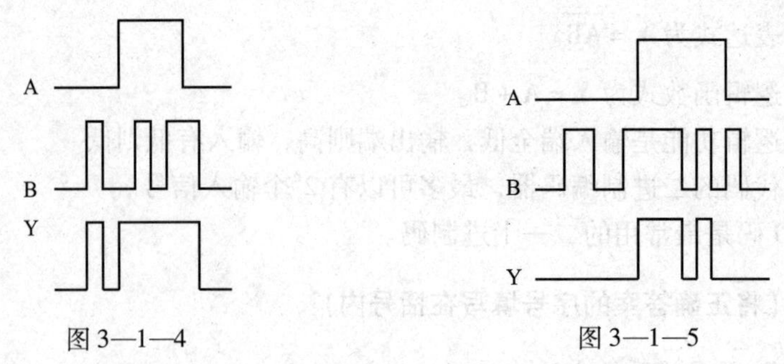

图 3—1—4　　　　图 3—1—5

8. 满足“非”逻辑关系的输入、输出波形是图 3—1—6 中的（　　）。

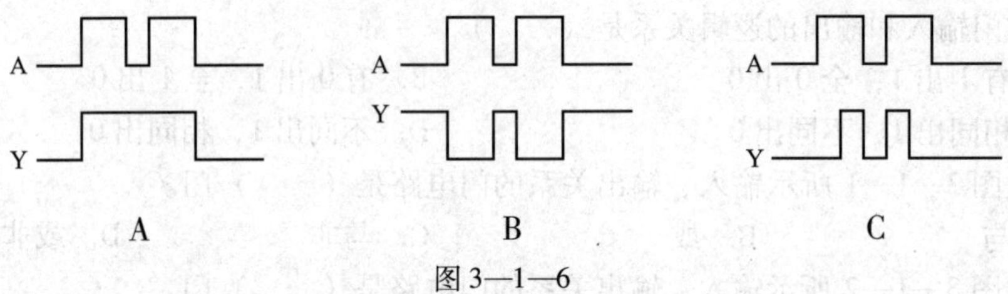

图 3—1—6

9. 8421BCD 码 00010011 表示十进制数的大小为（　　）。

A. 10　　B. 13　　C. 12　　D. 17

四、作图题

根据图 3—1—7 所示或门、与非门电路及其输入电压波形，分别画出输出端的波形。

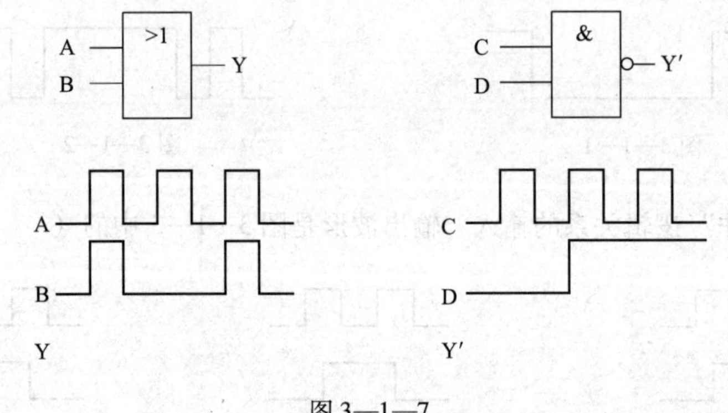

图 3—1—7

任务2　集成组合逻辑电路装调与诊断

一、填空题（将正确答案填写在横线上）

1．组合逻辑电路的特点是任何时刻的输出状态由__________直接决定，与______无关，电路无记忆能力。

2．仅由_______组成的逻辑电路称为组合逻辑电路，它的输出状态由______决定。

3．常用的译码器有______、______和______。

4．译码是_______的反过程，它将_______转换成______。一般译码器输入信号有 N 个，N 个信号共同表示_______。输出信号有 M 个，译码后，其输出端有______条线上出现有用信号。如输出为低电平有效，则______条线为低电平，______条线为高电平。

二、判断题（正确的在括号内打"√"，错误的在括号内打"×"）

1．编码器、译码器、数据分配器属于组合逻辑电路。　（　　）

2．译码电路将输入的二进制代码转换成对应的某个特定信息。　（　　）

三、选择题（将正确答案的序号填写在括号内）

1．2—4 线译码器有（　　）。

A．2 条输入线，4 条输出线　　B．4 条输入线，2 条输出线

C．4 条输入线，8 条输出线　　D．8 条输入线，2 条输出线

2．7 段数码显示译码电路应有（　　）个输出端。

A．8　　B．7　　C．10　　D．14

3．译码电路的输入端是（　　），输出端是（　　）。

A．二进制代码　　B．十进制数

C．某个特定信息　　D．某个特定的控制信息

四、简答题

1．已知某个组合电路的输入信号 A、B、C 及输出 Y 的波形如图 3—2—1 所示，高电平为 1，低电平为 0，试列出真值表，并写出 Y 的最简"与或"表达式。

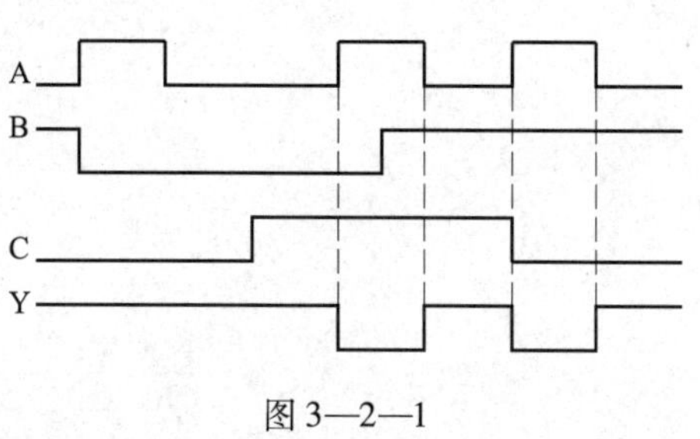

图 3—2—1

2．写出图 3—2—2 所示电路的逻辑表达式，并化简。

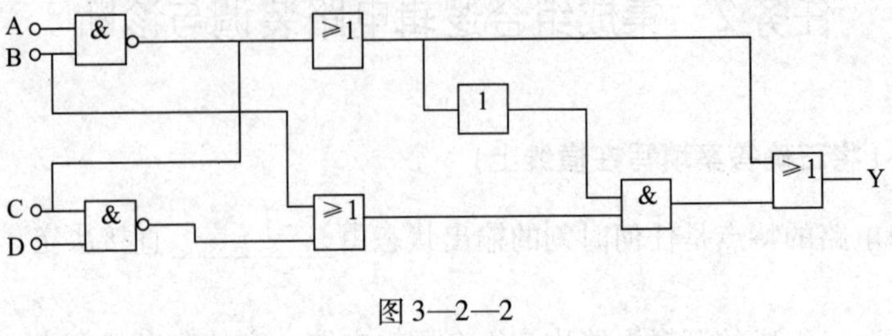

图 3—2—2

3．写出图 3—2—3 所示各电路的逻辑表达式。

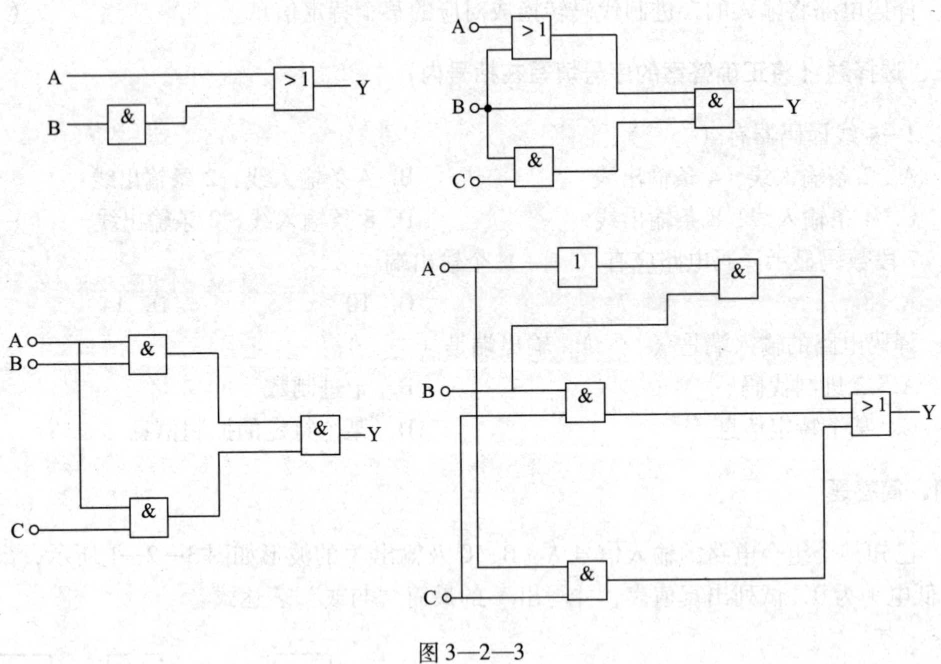

图 3—2—3

任务3　数字时序逻辑电路设计与装调

一、填空题（将正确答案填写在横线上）

1. 触发器是一种具有______功能的逻辑电路。

2. 触发器“0”状态时，Q = ______，$\overline{Q}$ = ______；触发器“1”状态时，Q = ______，$\overline{Q}$ = ______。

3. 触发器具有____个稳定状态，在输入信号消失后，它能保持______不变。

4. 与非门基本 RS 触发器电路如图 3—3—1 所示，当 $\overline{S_D} = \overline{R_D} = 1$ 时，触发器状态为__________；当 $\overline{R_D} = 0$，$\overline{S_D} = 1$ 时，则 Q = ______；当 $\overline{R_D} = 1$，$\overline{S_D} = 0$ 时，则 Q = ______；当 $\overline{R_D} = \overline{S_D} = 0$ 时，触发器状态为__________。

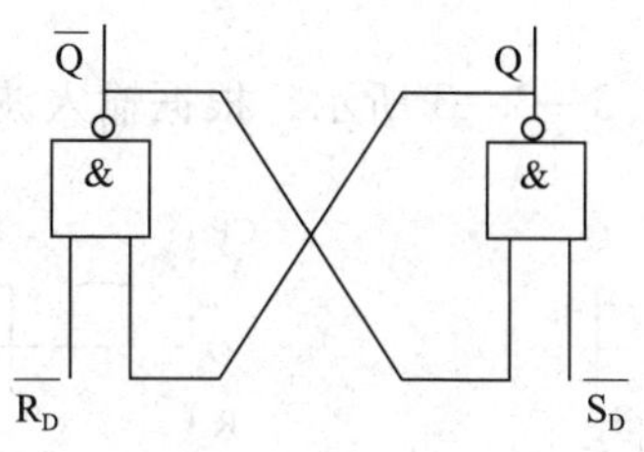

图 3—3—1

5. 在时钟脉冲作用下，JK 触发器输入端 J = 0，K = 0 时，触发器状态为__________；J = 1，K = 0 时，触发器状态为__________；J = 1，K = 1 时，触发器状态为__________。

6. D 型触发器的逻辑功能可概括为：在时钟脉冲作用后，__________，即______。在 CP 脉冲到来后，D 触发器的状态与其______的状态相同。

二、判断题（正确的在括号内打“√”，错误的在括号内打“×”）

1. 触发器都有记忆功能，是一种功能最简单的时序逻辑电路。（　　）

2. 在触发器的逻辑符号中，用小圆圈表示反相。（　　）

3. Q^{n+1} 表示触发器原来所处的状态，即现态。（　　）

4. 当 CP 处于下降沿时，触发器的状态一定发生反转。（　　）

5. 在钟控同步 RS 触发器中，当 CP = 1，S = 1，R = 0 时，触发器处于置 0 状态。（　　）

6. 同步 RS 触发器只有在 CP 信号到来后，才能依据 R、S 信号的变化来改变输出的状态。（　　）

7. JK 触发器在 J、K 端同时输入高电平则处于保持状态。（　　）

8. 凡 D 型触发器都是 CP 上升沿触发。（　　）

三、简答与作图题

1. 设与非门组成的基本 RS 触发器的输入信号波形如图 3—3—2 所示，试根据输入波形画出 Q 和 $\overline{Q}$ 端的信号波形。

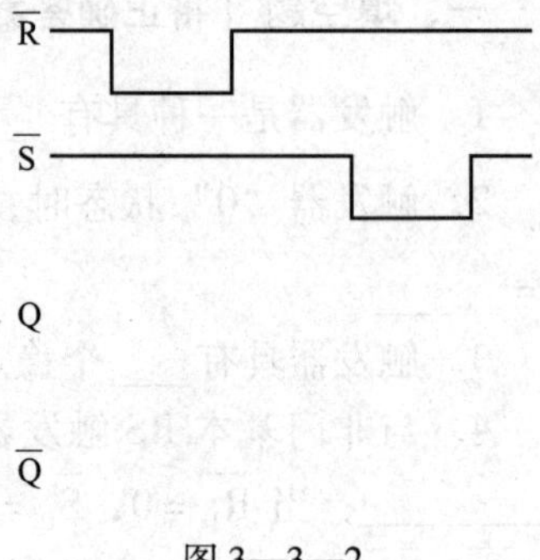

图 3—3—2

2. 钟控同步 RS 触发器如图 3—3—3 所示，根据输入波形画出输出波形。

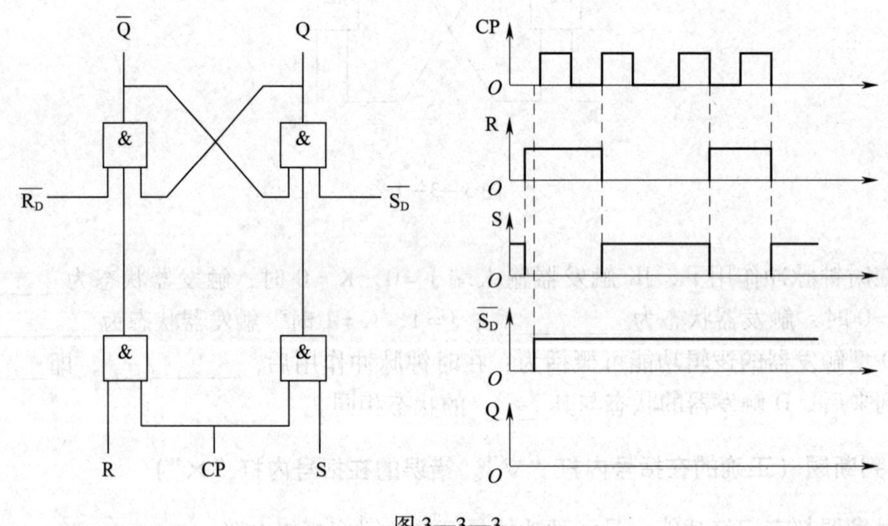

图 3—3—3

3. 当主从型 JK 触发器 C、J、K 端分别加上如图 3—3—4 所示波形时，试画出 Q 端的输出波形（设初始状态为 0）。如果换成维持阻塞型 JK 触发器，又将如何？

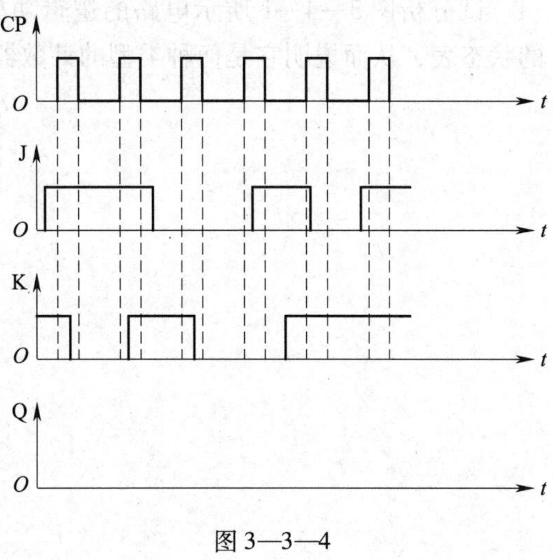

图 3—3—4

4. 下降沿触发的 D 触发器初始时处于 0 状态，根据图 3—3—5 所示时钟脉冲 CP 和输入信号 D 的波形，画出 Q 的波形。

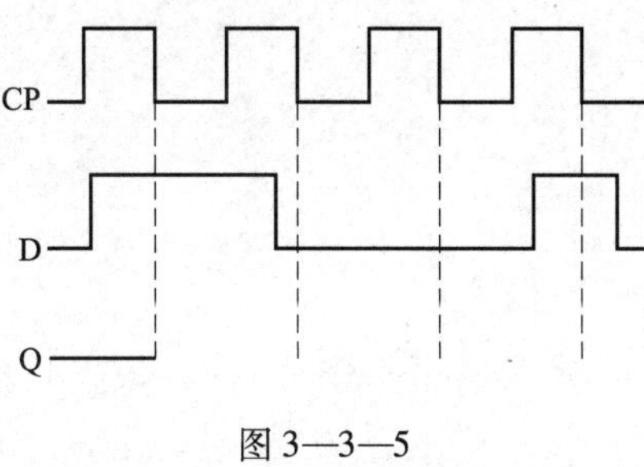

图 3—3—5

任务 4 集成时序逻辑电路设计与装调

一、填空题（将正确答案填写在横线上）

1. 计数器的主要作用是对输入脉冲进行________和________。按 CP 控制方式不同可分为______计数器和________计数器，按计数过程中数字的增减可分为________、________和________。

2. 计数器累计输入脉冲的最大数目称为计数器的__________。

二、简答题

1．试分析图 3—4—1 所示电路的逻辑功能，并按 CP 脉冲的顺序列出输出端 Q2、Q1、Q0 的状态表，从而说明它是何种类型的计数器。

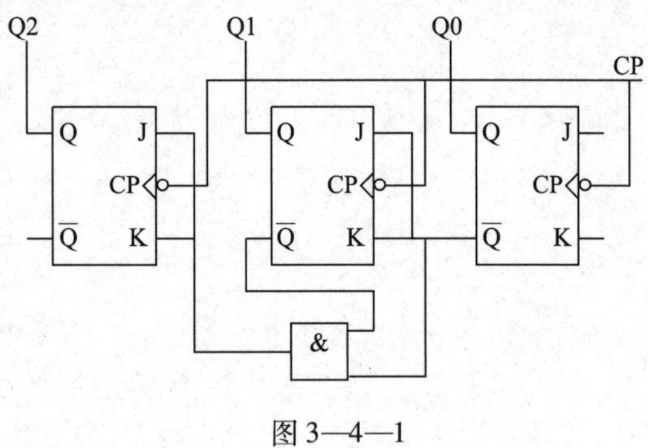

图 3—4—1

2．试列出图 3—4—2 所示计数器的状态表，从而说明它是一个几进制计数器（设初始状态为 000）。

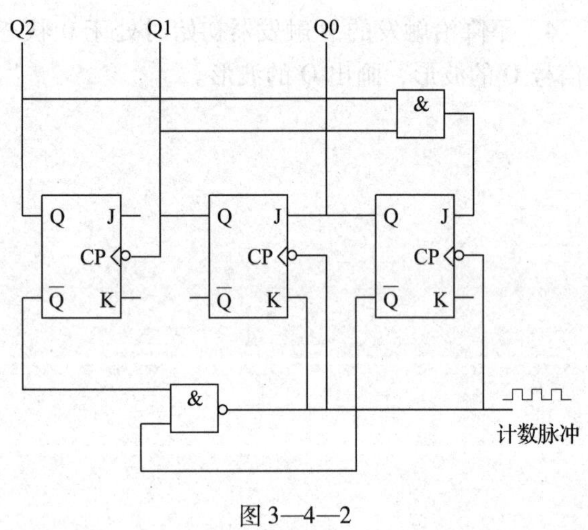

图 3—4—2

任务 5　555 逻辑电路装调与诊断

一、填空题（将正确答案填写在横线上）

1．斯密特触发器的主要用途有______、______和______。斯密特触发器属于______稳态电路，斯密特触发器的回差现象是指______。

2．多谐振荡电路没有________，电路不停地在两个____________之间转换，因此又称为________。

3．单稳态触发器在触发脉冲作用下，从_______状态转换到_______状态，依靠_______作用，又能自动返回到________状态。单稳态触发器的暂稳态持续时间 T 取决于电路中的________。

4．单稳态触发器在脉冲电路中广泛应用于电路的______和______等方面。

5．555 定时电路是一种功能强、使用灵活、适用范围广的电路，可用于__________、____________和________等。

二、判断题（正确的在括号内打"√"，错误的在括号内打"×"）

1．斯密特触发器是一个双稳态触发器。（　　）

2．斯密特触发器是利用其回差特性进行波形变换的。（　　）

3．多谐振荡器有一个稳态和一个暂稳态。（　　）

4．单稳态触发器经信号触发后，新的状态只能暂时保持。（　　）

5．单稳态触发器必须在外来触发脉冲的作用下，电路才能由稳定状态翻转为暂稳状态。（　　）

6．单稳态触发器暂稳状态时间的长短与触发脉冲的宽度有关。（　　）

7．单稳态触发器电路的最大工作频率由外加触发脉冲的频率决定。（　　）

三、选择题（将正确答案的序号填写在括号内）

1．改变斯密特触发器的回差电压而输出电压不变，则触发器输出电压要变化的是（　　）。

A．幅度　　B．脉冲宽度　　C．频率

2．斯密特触发器一般不适用于（　　）电路。

A．延时　　B．波形变换　　C．波形整形　　D．幅度鉴定

3．斯密特触发器的特点是（　　）。

A．没有稳态　　B．有两个稳态

C．有两个暂稳态　　D．有一个稳态和一个暂稳态

4．单稳态触发器一般不适用于（　　）电路。

A．定时　　B．延时

C．脉冲波形整形　　D．自激振荡产生脉冲信号

5．单稳态触发器的触发脉冲宽度取决于（　　）。

A．触发信号的周期　　B．电路的充电时间常数

C．触发信号的宽度

6．多谐振荡器是一种自激振荡器，能产生（　　）。

A．矩形波　　B．三角波　　C．正弦波　　D．尖脉冲

7．下列电路具有延时功能的是（　　）。

A．单稳态触发器　　B．双稳态触发器

C．无稳态触发器　　D．斯密特触发器

8．若要产生振荡频率高度稳定的矩形波，应采用（　　）。

A．十进制计数器　　B．单稳态触发器

C．斯密特触发器　　D．石英多谐振荡器

四、简答与作图题

1．斯密特触发电路输入信号 U_i 的波形如图 3—5—1 所示，画出输出信号 U_o 的波形。

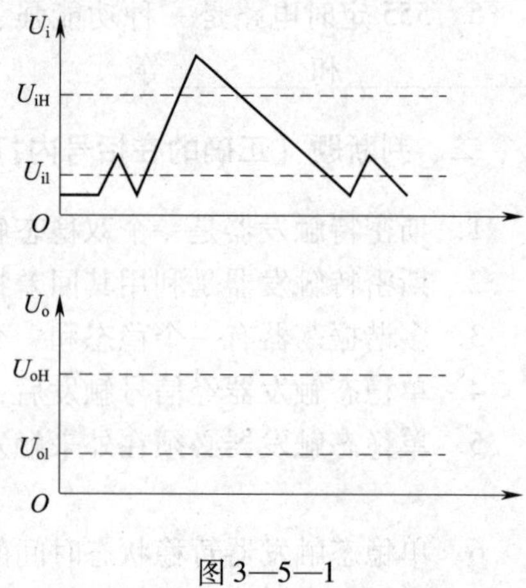

图 3—5—1

2．如图 3—5—2 所示简易触摸开关电路，当手摸金属片时，发光二极管亮，经过一段时间，发光二极管熄灭。(1) 说明其工作原理。(2) 发光二极管能亮多长时间？（输出端电路稍加改动，可接门铃、短时间照明灯、厨房排烟风扇等）

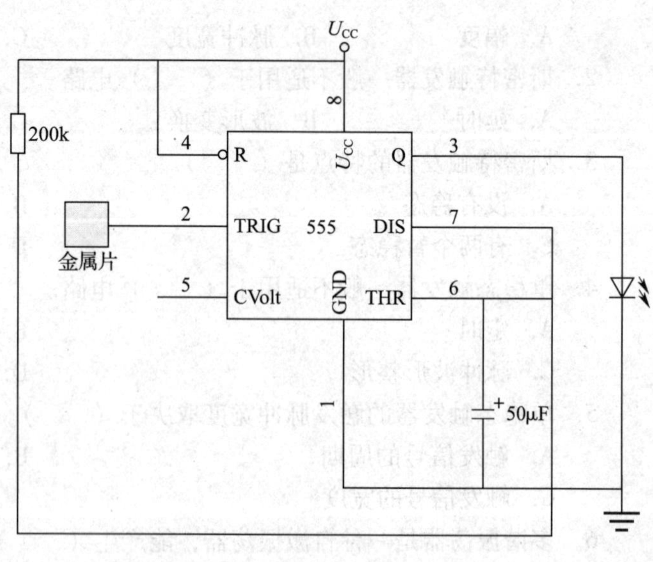

图 3—5—2

3. 图 3—5—3 所示为一个防盗报警电路，a、b 两端被一根细铜丝接通，盗窃者碰断后扬声器发出报警声（扬声器电压为 1.2 V，通过电流为 40 mA）。（1）试问 555 定时器接成何种电路？（2）说明电路的工作原理。

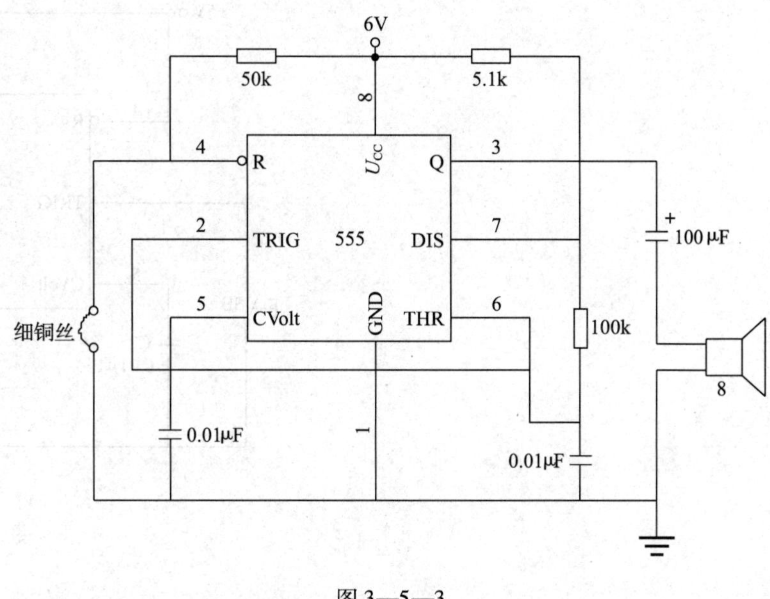

图 3—5—3

4. 图 3—5—4 所示为一个门铃电路，试说明其工作原理。

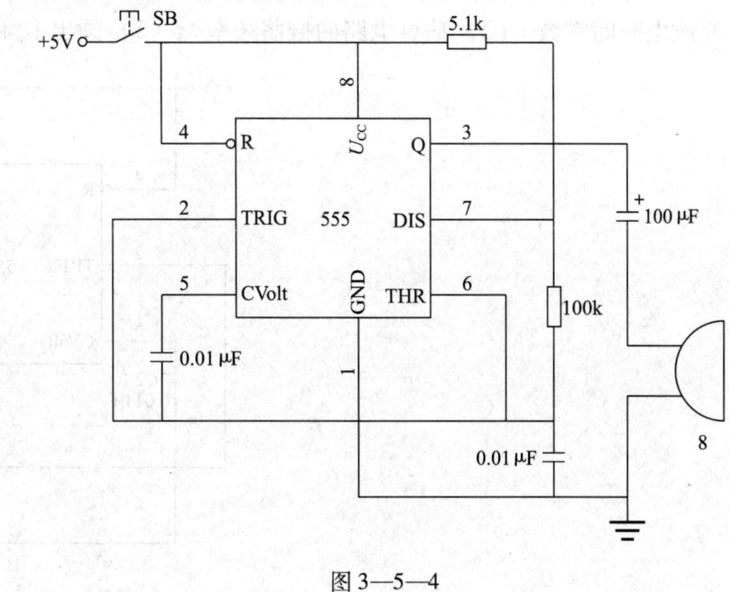

图 3—5—4

5. 图 3—5—5 所示为 555 定时器接成的单稳态触发器，试估算按下按键 SB 后输出脉冲 U_o的宽度。

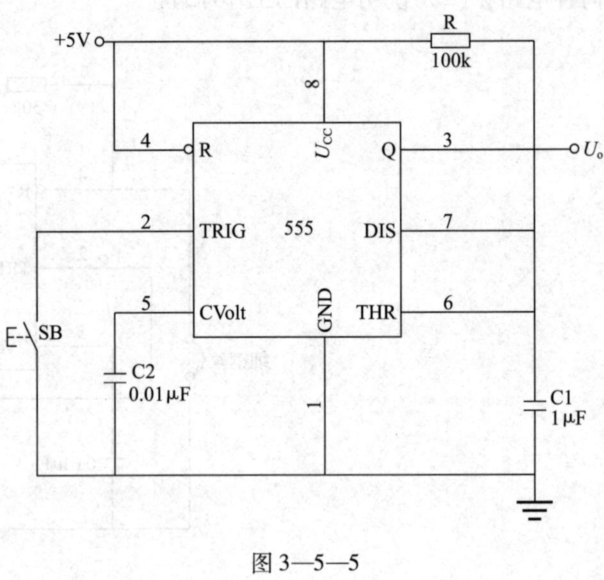

图 3—5—5

6. 图 3—5—6 所示为 555 定时器组成的多谐振荡器。（1）说明电容的充放电回路及其充放电时间常数。（2）估算电路的振荡频率 f。（3）画出 U_c和 U_o的波形。

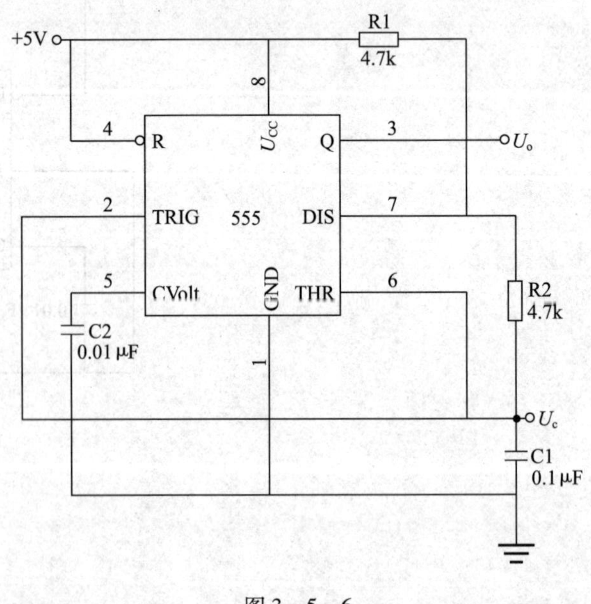

图 3—5—6

任务6　A/D 与 D/A 转换逻辑电路装调

一、填空题（将正确答案填写在横线上）

1. 数字电路处理模拟信号的过程是：先将模拟信号转换成____________，处理完后还原成相应的____________，前者转换称为________转换，后者转换称为________转换。

2. 数模转换器简称 DAC，D 代表____________，A 代表____________。

3. DAC0832 将输入的数字量转换为__________输出，运算放大器 LM358 将模拟电流变换为____________输出。

4. DAC 由______________、______________、______________和基准电压四部分组成。

二、判断题（正确的在括号内打“√”，错误的在括号内打“×”）

1. 把模拟信号转换成数字量的过程称为数/模转换。（　　）
2. 模拟信号经过采样—保持电路后，输出信号电压波形为三角形。（　　）
3. 连续变化的电压、电流是数字量。（　　）
4. 温度、电压、位移等物理量可以被人为控制，所以它们是数字量。（　　）
5. 矩形脉冲是数字量。（　　）
6. 把 1 V 的电压分成八个等级，最小量化单位为 8。（　　）
7. DAC0832 是一种 CMOS 工艺的集成 8 位单片 DAC。（　　）
8. ADC0809 是一种双积分型的 8 位模/数转换器。（　　）

三、选择题（将正确答案的序号填写在括号内）

1. 在数模转换电路中，输出模拟电压数值与输入的数字量之间（　　）关系。
   A. 成正比　　B. 成反比
   C. 无

2. 在模数转换电路中，数字量的位数越多，分辨输出最小电压的能力（　　）。
   A. 越稳定　　B. 越弱
   C. 越强

3. 在数模转换电路中，当输入数据全部为“0”时，输出电压等于（　　）。
   A. 电源电压　　B. 0
   C. 基准电压

4. 集成模数转换器 ADC0809 可以锁存（　　）模拟信号。
   A. 4 路　　B. 8 路
   C. 16 路

5. 集成模数转换器 ADC0809 输出（　　）数字量。
   A. 4 位　　B. 8 位
   C. 16 位

四、简答题

1．数模转换电路的作用是什么？

2．DAC 的位数与分辨输出最小电压的能力有什么关系？

3．数模转换器 AD7520 的输出端为什么要接运算放大器？

4．什么是 ADC 的分辨率？什么是 ADC 的转换精度？